5步速成预拌粉 烘焙攻略

黎国雄/著

CS湖南科学技术出版社

图书在版编目（CIP）数据

5步速成预拌粉烘焙攻略 / 黎国雄著. -- 长沙 : 湖南科学技术出版社，2017.4
ISBN 978-7-5357-9136-8

Ⅰ. ①5… Ⅱ. ①黎… Ⅲ. ①烘焙－糕点加工 Ⅳ. ①TS213.2

中国版本图书馆CIP数据核字(2016)第270386号

WU BU SUCHENG YUBANFEN HONGBEI GONGLÜE
5步速成预拌粉烘焙攻略

著　　者：黎国雄
责任编辑：李文瑶　杨　旻
策　　划：深圳市金版文化发展股份有限公司
摄影摄像：深圳市金版文化发展股份有限公司
封面设计：深圳市金版文化发展股份有限公司
出版发行：湖南科学技术出版社
社　　址：长沙市湘雅路276号
　　　　　http://www.hnstp.com
湖南科学技术出版社天猫旗舰店网址：
　　　　　http://hnkjcbs.tmall.com
邮购联系：本社直销科 0731-84375808
印　　刷：深圳市雅佳图印刷有限公司
　　　　（印装质量问题请直接与本厂联系）
厂　　址：深圳市龙岗区坂田大发路29号C栋1楼
邮　　编：518000
版　　次：2017年4月第1版第1次
开　　本：710mm×1000mm　1/16
印　　张：12
书　　号：ISBN 978-7-5357-9136-8
定　　价：45.00元

前 言

妙用预拌粉，轻松做烘焙

每次经过面包店的时候，总是会放慢脚步。大多时候其实不是因为肚子饿，只不过喜欢面包店门前飘散出的味道。这种味道，慵懒中带有一丝温暖，也夹杂了一些香甜，让人在一瞬间觉得有点温馨，仿佛置身于幸福之中。

自己做烘焙，操作起来不仅食材比例要求很严格，发酵时间还长，步骤也很繁复，而且弄不好就会烤煳了或者又烤不熟，就退缩了。

有没有一种相对简单，步骤又没那么烦琐，而且成功率还高的办法呢？带着这个疑惑，我们寻找解决的方法，直到找到了预拌粉，让上述问题都迎刃而解。

预拌粉，不是单一的面粉，更不是简单的原料，而是按精准配方，将烘焙所需的原辅料，经多道工艺加工而成的复配半成品。它外貌普通，看上去也很简单，也似乎和一般的面粉没多大区别。

当然，这些都不是重点，重点在于以下两点：

第一，同一种预拌粉可以做出多种花样，做到真正的DIY；第二，使用预拌粉做烘焙，可以减少以往烦琐的步骤，没有基础的人第一次做也不会失败，可以确保制作的成功率。

为了方便初学者能用预拌粉在短时间内做好烘焙，我们特邀请了业内教父级的烘焙大师，百万册烘焙系列畅销书的作者——黎国雄老师，撰写了《5 步速成预拌粉烘焙攻略》这本书。

本书从基础的烘焙知识入手，精选了 80 种市面上最受欢迎的烘焙品类，涉及饼干、蛋糕、面包、甜点的做法，配以精美的图片和全套视频，视频可以通过扫二维码观看，让你在阅读之余，能轻松地做出自己心中的烘焙，与家人和朋友分享幸福的味道。

目录

Part 1 懒人烘焙入门

Part 2 5步速成 饼干君的前世今生

目录

Part 3 5步速成　蛋糕君的甜蜜物语

Part 4 5步速成 面包君的温暖正能量

目录

Part 5 5步速成　小甜点，萌萌哒

Basis of Baking

Part 1

懒人烘焙入门

想要做好烘焙，必须做好相关的准备。首先要选对合适的工具、认准制作的材料，其次要熟悉各种材料的用途，了解做烘焙的一些注意事项，这样才能确保烘焙的成功。

许多人认为烘焙工具都是比较复杂、比较专业的，其实只要备齐了几种简单的基本工具，也可以制作出多种美味的甜点了。用预拌粉做烘焙，你会发现既可以省时省力，也能提高制作的成功率。

烘焙基本工具

烤箱

一般情况下都是用来烤制一些饼干、点心和面包等食物。烤箱是一种密封的电器，同时也具备烘干的作用。

擀面杖

一种用来压制面条、面皮的工具，多为木制。一般长而大的擀面杖用来擀面条，短而小的擀面杖用来擀饺子皮。

电动搅拌器

电动搅拌器包含一个电机身，还配有打蛋头和搅面棒两种搅拌头。电动搅拌器可以使搅拌的工作变得更加快捷，使材料拌得更加均匀。

手动搅拌器

可以用于打发蛋白、黄油等，制作一些简易小蛋糕，但使用时较费时费力。

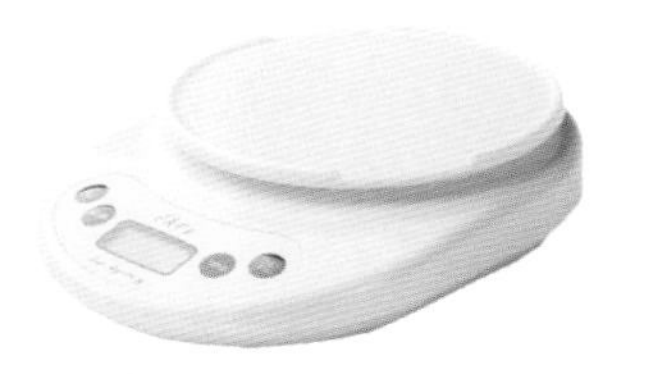

电子秤

电子秤，又叫电子计量秤，适合在西点制作中用来称量各式各样的粉类（如面粉、抹茶粉等）、细砂糖等材料。

蛋糕纸杯

做小蛋糕时使用的。使用相应形状的蛋糕纸杯能够做出相应的蛋糕形状，适合用于制作儿童喜爱的小糕点。

吐司模具

主要用于制作吐司的模具。为了使用方便，在选购时可购买金色、不粘的吐司模具，这样就不需要涂油防粘了。

慕斯蛋糕模

为了脱模更方便，慕斯蛋糕一般用活底蛋糕模，底部可托出，与模具壁分离。慕斯蛋糕脱模时，可以将毛巾沾上开水，不停地在模具外壁上擦拭，直到慕斯脱落。

面粉筛

一般都是由不锈钢制成的，是用来过滤面粉的烘焙工具。面粉筛底部都是漏网状的，可以用于过滤面粉中混有的其他杂质。

面包机

是指按照要求放好配料、按下按钮后，可以自动完成和面、发酵和烘焙等一系列工序的机器。面包机大大简化了烘焙过程，不仅能够准确把握和面的分寸，还能为发酵提供适宜的温度和湿度。

长柄刮板

是一种软质工具，是西点制作过程中不可缺少的利器。它主要用于将各种材料拌匀，及将盆底的材料刮干净。

刮板

又称面铲板，造型小巧，是制作面团后用来刮净盆子或面板上剩余面团的工具，也可以用来切割面团及修整面团的四边。

烘焙油纸

烤箱内烘烤食物时用来垫在底部的纸，防止食物粘在模具上面，导致清洗困难，能保证食品干净卫生，垫盘、隔油时都可以用。

裱花袋

裱花袋是形状呈三角形的塑料材质袋子，使用时装入奶油，再在最尖端套上裱花嘴或直接用剪刀剪开小口，便可挤出各种纹路的奶油花。

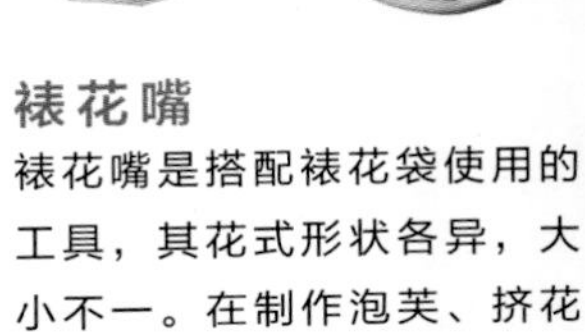

裱花嘴

裱花嘴是搭配裱花袋使用的工具，其花式形状各异，大小不一。在制作泡芙、挤花饼干时需要用到。

方形烤盘

方形烤盘一般是长方形的，钢制或铁制的都有，可用来烤蛋糕卷、方形蛋糕等，还可以用来做方形披萨以及饼干等。

玻璃碗

主要用来打发鸡蛋或搅拌面粉、砂糖、油和水等。制作甜点时，一般至少要准备 2 个以上的玻璃碗。

奶油抹刀

奶油抹刀一般用于蛋糕裱花时涂抹奶油或抹平奶油，或在食物脱模的时候分离食物和模具。一般情况下，有需要刮平和抹平的地方，都可以使用奶油抹刀。

烘焙常用食材

糖粉

糖粉是洁白色的粉末，颗粒极其的细小，含有微量玉米粉，直接过滤以后的糖粉可用来制作点心和蛋糕。

植脂鲜奶油

也叫作人造鲜奶油，大多数含有糖分，白色如牛奶状，比牛奶浓稠。通常将其打发后用来装饰在糕点上。

白奶油

奶油是将牛奶中的脱脂成分经过浓缩而得到的半固体产品，色白，奶香浓郁，脂肪含量较黄油的低，可以用来涂抹在面包或馒头上。

黑巧克力

黑巧克力是由可可液块、可可脂、糖和香精混合制成的，主要原料是可可豆。适当食用黑巧克力有润泽皮肤等多种功效。黑巧克力常用于制作蛋糕。

白巧克力

白巧克力是由可可脂、糖、牛奶以及香精制成的，是一种不含可可粉的巧克力，但是含较多乳制品和糖分，因此甜度较高。白巧克力可用于制作西式甜点和方块巧克力蛋糕等。

动物淡奶油

又叫作淡奶油，是由牛奶提炼而成的，本身不含有糖分，白色如牛奶状，但比牛奶更为浓稠。打发前需要放冰箱冷藏 8 小时以上。

色拉油

色拉油是由各种植物原油精制而成。制作西点时用的色拉油一定要是无色且无味的，如玉米油、葵花油、橄榄油等，而且最好不要使用花生油。

细砂糖

细砂糖是经过提取和加工以后结晶颗粒较小的糖。适当食用细砂糖有利于提高机体对钙的吸收，但不宜多吃，糖尿病患者忌吃。

核桃仁

核桃仁口感略甜，带有浓郁的香气，是巧克力点心的最佳伴侣。烘烤前先用低温烤5分钟使之溢出香气，再加入到面团中会更加美味。

提子干

提子干是由提子加工而成的，味道较甜，不仅可以直接食用，还可以放在糕点中加工成食品。

抹茶粉

抹茶粉是抹茶的通俗形象叫法，是指在最大限度保持茶叶原有营养成分前提下，用天然石磨碾磨成微粉状的蒸青绿茶，它可以用来制作抹茶蛋糕、抹茶曲奇等。

红豆

红豆即海红豆，种子鲜红色而光亮，可以用来做装饰品，也可以制成多种美味的食品，如红豆吐司、红豆小餐包等，有很高的营养价值。

神奇的预拌粉

原味曲奇预拌粉

配料：高筋粉、低筋粉、白砂糖、杏仁粉、全脂奶粉。

用途：适用于制作饼干曲奇、巧克力曲奇、蔓越莓曲奇、抹茶曲奇等。

储存方式：请置于阴凉干燥处。

巧克力曲奇预拌粉

配料：糕点粉（小麦粉、淀粉、谷朊粉、脱脂奶粉、可可粉、杏仁粉、食盐）。

用途：适用于制作巧克力曲奇、格子饼干、大理石曲奇、双色曲奇等。

储存方式：请置于阴凉干燥处。

多功能饼干预拌粉

配料：糕点粉（小麦粉、淀粉、谷朊粉、脱脂奶粉、杏仁粉、食盐）。

用途：适用于制作肉松曲奇、香葱曲奇等饼干。

储存方式：请置于阴凉干燥处。

马卡龙预拌粉

配料：小麦粉、扁桃仁粉、鸡蛋白粉、乳蛋白、脱脂奶粉、细砂糖、食盐、香草、葡萄糖。

用途：适用于制作法式马卡龙等。

储存方式：请置于阴凉干燥处。

原味蒸蛋糕预拌粉

配料：低筋粉（小麦粉、淀粉、脱脂奶粉、蛋白粉、食盐、细砂糖）。

用途：适用于制作原味蒸蛋糕、提子蒸蛋糕、卡通蒸蛋糕、蔓越莓蒸蛋糕等。

储存方式：请置于阴凉干燥处。

海绵蛋糕预拌粉

配料：低筋粉（小麦粉、淀粉、脱脂奶粉、食盐、细砂糖）。

用途：适用于制作海绵蛋糕、原味瑞士卷、抹茶瑞士卷、芒果瑞士卷等。

储存方式：请置于阴凉干燥处。

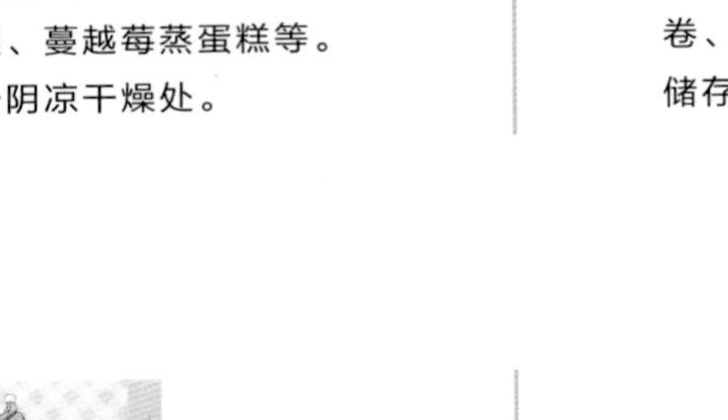

原味玛芬预拌粉

配料：低筋粉（小麦粉、淀粉、脱脂奶粉、蛋白粉、食盐、细砂糖）。

用途：适用于制作原味玛芬、蔓越莓玛芬、提子玛芬等。

储存方式：请置于阴凉干燥处。

红枣玛芬预拌粉

配料：低筋粉（小麦粉、淀粉、脱脂奶粉、红枣粉、细砂糖、食盐）。

用途：适用于制作红枣蛋糕、红枣玛芬蛋糕等。

储存方式：请置于阴凉干燥处。

巧克力玛芬预拌粉

配料：低筋粉、小麦粉、淀粉、脱脂奶粉、可可粉、食盐。

用途：适用于制作生日蛋糕、巧克力玛芬等。

储存方式：请置于阴凉干燥处。

百变慕斯预拌粉

配料：淀粉、脱脂奶粉、植脂末、葡萄糖、食盐、香草。

用途：适用于制作芒果慕斯、草莓慕斯、蓝莓慕斯、双味慕斯、巧克力慕斯等。

储存方式：请置于阴凉干燥处。

戚风蛋糕预拌粉

配料：低筋粉（小麦粉、淀粉、脱脂奶粉、蛋白粉、食盐、细砂糖）。

用途：适用于制作戚风蛋糕、方块巧克力蛋糕等。

储存方式：请置于阴凉干燥处。

布朗尼蛋糕预拌粉

配料：低筋粉（小麦粉、淀粉、脱脂奶粉、可可粉、食盐、香草）。

用途：适用于制作布朗尼蛋糕、心太软蛋糕等。

储存方式：请置于阴凉干燥处。

杂粮面包预拌粉

配料：面包粉（小麦粉、燕粉、谷朊粉、葵花籽、碎黑麦、脱脂奶粉、黑芝麻、细砂糖、食盐）。

用途：适用于制作杂粮面包等。

储存方式：请置于阴凉干燥处。

高纤维面包预拌粉

配料：面包粉（小麦粉、全麦粉、谷朊粉、脱脂奶粉、细砂糖、食盐）。

用途：适用于制作高纤维面包等。

储存方式：请置于阴凉干燥处。

多功能面包预拌粉

配料：面包粉、小麦粉、谷朊粉、脱脂奶粉、食盐。

用途：适用于制作意大利培根披萨、培根汉堡包核桃面包、麦香芝士条、提子杏仁包、菠萝包、毛毛虫面包等。

储存方式：请置于阴凉干燥处。

软欧面包预拌粉

配料：面包粉（小麦粉、谷朊粉、脱脂奶粉、全麦粉、细砂糖、食盐）。

用途：适用于制作软欧面包等。

储存方式：请置于阴凉干燥处。

烘焙注意事项

烤箱预热

在烘烤食物之前，先将烤箱加热以提升烤箱温度的过程。烤箱预热的时间一般为 5~10 分钟，具体时间要根据烤箱大小、功率而定。一般情况下，烤箱功率越大、体积越小，其预热时间就越短。

冰箱冷藏

制作曲奇、派、塔等烘焙品时，将其和好的面团放入冰箱冷藏，可以使面团变硬，方便接下来的面团分割。同时，也能防止部分面团发酵后膨胀，使其保持当时的状态。在制作其他烘焙品时也是需要冷藏的，例如慕斯蛋糕、冻乳酪蛋糕等。

黄油软化

黄油是一种固体油脂，长期存放在冷冻室中，会使其变得极其坚硬。因此在打发黄油之前，需要先把黄油软化。通常情况下，黄油放置于室温环境下，会慢慢变软；如果室温较低，没有办法将黄油软化，就把黄油切成小丁，再放进微波炉加热或隔水加热就可以了。

动物性淡奶油的打发

为了保证动物性淡奶油打发的成功率，在打发动物性淡奶油之前，可以将淡奶油从冷藏室移至冷冻室一会，但一定要控制好时间，不能让淡奶油结冰。打发好的淡奶油要立即使用，如果想让淡奶油的口感变得更好，可以在打发好的淡奶油中加入少许朗姆酒，再搅拌均匀。

蛋白打发

打发蛋白的时候，要仔细检查放置蛋白的容器和打发蛋白的搅拌器，一定要无水、无油、无杂物，保证器皿干净的情况下才可以开始打发蛋白。而打发的蛋白，也要极其注意，一丝蛋黄液也不能沾有，否则也会令蛋白打发不起来。

蛋糕脱模有诀窍

蛋糕脱模也有讲究，刚烘烤出来的蛋糕还没有定形，此时不宜脱模。脱模的最佳时期是在确定模具已经不再发烫之后，用脱模刀尽量沿着模具边缘，一气呵成地划一圈，中途不要提起刀具，以免再次插入时破坏蛋糕的形状。

防粘措施

采取防粘措施，可以使制作出来的成品外观更加美观、精致。一般的防粘措施是在烤盘上垫上油纸、锡纸、高温油布等，如果是做蛋糕或面包，可以在模具内部涂一层软化的黄油，再撒一层干面粉即可。如果使用的是具有防粘特性的模具，可以不采取防粘措施。

用糖量

在做甜点的时候，加入的糖量不一定要跟配方中的保持一致，可以根据个人口味适当增减。一般可以按照配方里糖量的 30% 范围内增减，都不会对成品造成太大的影响。

分次烤制，受热均匀

一般在使用家用电烤箱的情况下，都不建议一次同时烤制两盘。烤盘具有隔热效果，如果在烤箱里一次放入两个烤盘，会导致上下两盘都不能达到预期的烘烤温度，影响口感，所以需要分开烤制，这样才能受热均匀。

在使用植物油的时候，尽量使用浅色且无味的植物油

最好使用颜色较浅并且没有气味的植物油，比如黄豆油、玉米油等。如果配方有特别说明，则可以视情况而定，不然尽量不要使用花生油等这类气味较重的植物油。

Part 2

5 步速成
饼干君的前世今生

和其他烘焙相比，饼干的制作也许是最容易上手的，而且也最容易带来成就感。大多数饼干的制作，几个简单的步骤，就能让你轻松做出香甜可口、香气四溢的成品。

饼干不只是享受休闲生活的伴侣，也是传递温情的信使，你可以在郊游时带去与朋友分享，也可以包装一番，寄给远方的亲朋好友，让他们也能在美味中感受到你用心烘焙时的温暖。

原味曲奇

烤箱中层，上下火 160℃ 25 分钟 3 人份

工具

玻璃碗 1 个
裱花袋 1 个
裱花嘴 1 个
橡皮刮刀 1 把
烤箱 1 台
油纸 1 张

原料

原味曲奇预拌粉 350 克
黄油 140 克
鸡蛋 1 个

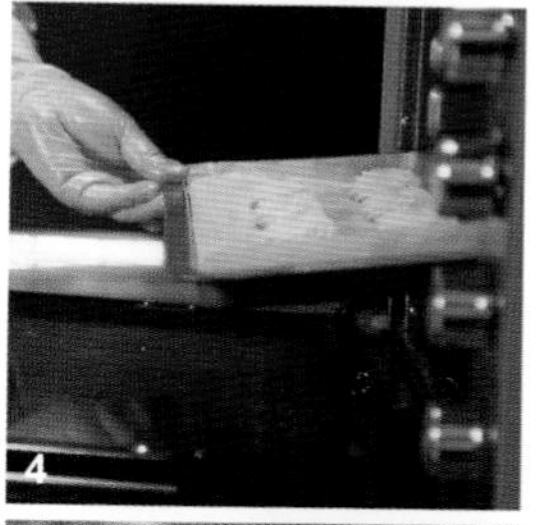

制作过程：

1. 将预拌粉、软化的黄油、打好的鸡蛋依次加入碗中。

2. 将它们一起用手搓揉，搅拌均匀。

3. 将揉好的面糊用橡皮刮刀装入装有裱花嘴的裱花袋内，在铺有油纸的烤盘中，挤成表面纹路清晰的原味曲奇。

4. 将烤盘放入预热好的烤箱，烤约 25 分钟。

5. 取出烤好的曲奇即可。

曲奇是否酥松，与黄油有很大的关系。黄油搅拌的过程中要顺着一个方向，这样才能包裹进去空气，使其在烘烤的过程中，让饼干膨胀。

抹茶曲奇

烤箱中层，上下火 160℃　25 分钟　3 人份

工具

玻璃碗 1 个
裱花袋 1 个
裱花嘴 1 个
长柄刮板 1 个
烤箱 1 台
油纸 1 张

原料

原味曲奇预拌粉 350 克
黄油 140 克
鸡蛋 1 个
抹茶粉 6 克

制作过程：

1 将预拌粉、软化的黄油、打好的鸡蛋依次加入碗中。

2 将它们一起用手搓揉，搅拌均匀后，倒入抹茶粉，再次将它们充分混合均匀。

3 将揉好的面糊用长柄刮板放入装有裱花嘴的裱花袋内，在铺有油纸的烤盘中，挤成表面纹路清晰的抹茶曲奇。

4 将烤盘放入预热好的烤箱，烤约 25 分钟。

5 取出烤好的曲奇即可。

1

2

3

4

5

抹茶粉可根据自己的喜好进行添加，烤制时需用肉眼观察，曲奇烤至表面金黄即可。

咖啡曲奇

烤箱中层，上下火 160℃　25 分钟　3 人份

工具

玻璃碗 1 个
裱花袋 1 个
裱花嘴 1 个
长柄刮板 1 个
烤箱 1 台

原料

原味曲奇预拌粉 175 克
冲泡好的咖啡 15 毫升
黄油 120 克
鸡蛋 1 个

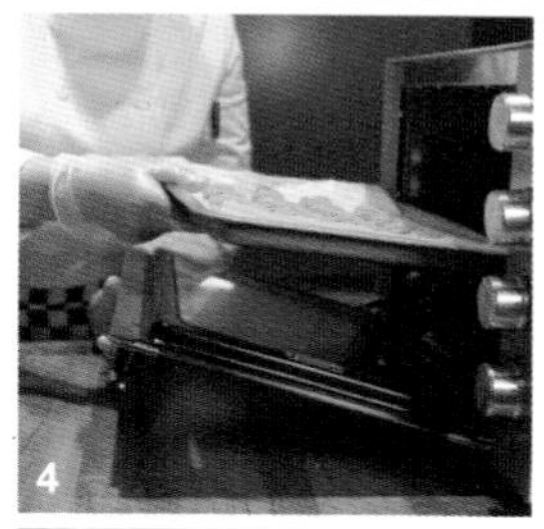

制作过程：

1 玻璃碗中加入原味曲奇预拌粉、黄油、鸡蛋以及冲泡好的咖啡。

2 用手搅拌均匀，做成面糊。

3 把面糊用长柄刮板装入装有裱花嘴的裱花袋内，并将其均匀地挤在烤盘上。

4 将烤盘放入预热好的烤箱中，烤约 25 分钟。

5 取出烤好的曲奇即可。

咖啡必须使用未加糖和奶精的原味咖啡，以免影响曲奇的口感。

香葱曲奇

烤箱中层，上下火 160℃　25 分钟　2 人份

工具

电子秤 1 台
裱花袋 1 个
裱花嘴 1 个
玻璃碗 1 个
长柄刮板 1 个
烤箱 1 台

原料

多功能饼干预拌粉 250 克
白砂糖 110 克
鸡蛋 1 个
调和油 20 毫升
葱花蓉 30 克
食盐 4.5 克
黄油 120 克

制作过程：

1 玻璃碗中倒入多功能饼干预拌粉。

2 取电子秤秤取盐将备好的葱花蓉腌渍。

3 在预拌粉中打入鸡蛋，加入调和油和剩下的食盐，再加入白砂糖和黄油，搅拌均匀后，再倒入之前腌渍的葱花蓉，搅拌均匀，做成面糊。

4 用长柄刮板把面糊装入装有裱花嘴的裱花袋中，并均匀地挤在烤盘上，并将烤盘放入预热好的烤箱，烤约 25 分钟。

5 取出烤好的曲奇即可。

若是喜欢葱香味重一点，可以使用料理机将葱花蓉打得更碎。

巧克力曲奇

一个人的时候，总喜欢思考，简单点来说，就是喜欢坐下来，放松身体，然后让头脑自由运动，至于运动之后的结果是什么，无需研究。

这个时候，莫名其妙就会想起曲奇，喜欢曲奇饼，喜欢它的外形，也喜欢它的名字，表面的皱褶圆形蔓延，曲折而奇妙，像友谊亦像人生。

有时候友谊简单起来，其实就是一种很合拍的感觉，那就是一起有哭有笑，有爱有恨。

人生也不一定是直线，必须从一个端点走到另一个端点，人生也可能是圆，从圆心向终点发散，有终点，有进步，进步亦前行，前行不是消逝，是积累是回味，就像曲奇。

于是，我更加喜欢曲奇，想和曲奇一样，简单地做最好的自己。

而加入了巧克力的曲奇，似乎又多了一点爱情的味道，让人更为迷恋。微微苦涩的巧克力，却是那般的丝滑入心。

巧克力般的爱情，苦甜交织，总是让人刻骨铭心，难以忘怀。

历经种种，终于明白，原来爱过、恨过、笑过，也哭过，就是情感历程从幼稚走向成熟的完美诠释，也最终明白，巧克力之恋很美亦很脆，甜蜜过后，情齿余香，却残留苦涩，伤情处，自问情为何物，真叫人难以忘怀。

烤箱中层，上下火 160℃　25 分钟　3 人份

工具

玻璃碗 1 个
裱花袋 1 个
裱花嘴 1 个
搅拌器 1 个
烤箱 1 台
油纸 1 张

原料

巧克力曲奇预拌粉 350 克
黄油 140 克
鸡蛋 1 个

制作过程：

1 将预拌粉、软化的黄油、打好的鸡蛋加入碗中。

2 将它们一起用手搓揉，用搅拌器搅拌均匀。

3 在裱花袋中装上裱花嘴，并将揉好的面糊放入裱花袋中，挤在铺有油纸的烤盘中，挤成表面纹路清晰的巧克力曲奇。

4 将烤盘放入预热好的烤箱，烤约 25 分钟。

5 取出烤好的曲奇即可。

面糊一定要充分搅拌，这样子口感才会好。

抹茶杏仁曲奇

有一种爱情叫作抹茶杏仁曲奇。

有一种承诺叫作爱你永不分离。

追寻茶的历史，早在上古时代，三皇中的神农氏便发现了茶的奥妙。相传，神农尝百草，一日遇七十二毒，得荼而解之，这荼，便是茶。随着考证技术的发展，我们了解到中国是茶的发源地，而最早的抹茶出现在隋朝。

古人说的吃茶，吃的就是抹茶。“碧云引风吹不断，白花浮光凝碗面”，诗人卢仝《走笔谢孟谏议寄新茶》中的这两句，便是抹茶泡开之状。这是抹茶泡开后的样子，没泡开的抹茶，不是叶子，而是粉。它是用春天的嫩茶叶，蒸汽杀青后，做茶饼，烘焙干燥磨成的粉。不仅保留着茶自然的清香，也保留着茶与生俱来的清心和优雅。

从隋朝开始到明朝之前，中国流行的都是抹茶。不过，明朝后变了，变成了用茶叶泡汤弃渣的喝法，抹茶也渐为人所忘，直至近些年，抹茶才又开始流行起来。

烤箱中层，上下火 160℃　25 分钟　2 人份

工具
玻璃碗 1 个
烤箱 1 台
刀 1 把
油纸 2 张

原料
原味曲奇预拌粉 350 克
黄油 120 克
鸡蛋 1 个
抹茶粉 6 克
杏仁片 100 克

制作过程：

1. 将预拌粉、软化的黄油、打好的鸡蛋依次加入碗中。

2. 将它们一起用手揉搓，搅拌均匀后倒入抹茶粉，将它们充分混合均匀，然后加入备好的杏仁片，再次充分搅拌匀。

3. 把面团放在油纸上，捏成长方体形，将四周整理光滑，用油纸裹好，放入冰箱冷冻 40 分钟。

4. 取出冻好的面团，去除油纸，用刀切成厚约为 0.5 厘米的薄片，将其整齐地摆放在铺有油纸的烤盘内。

5. 将烤盘放入预热好的烤箱中，烤约 25 分钟。取出烤好的曲奇即可。

抹茶粉、杏仁片加入的量可根据自己的喜好进行添加。

格子饼干

烤箱中层，上下火 160℃　25 分钟　4 人份

工具

玻璃碗 3 个
搅拌器 1 个
擀面杖 1 根
刀 1 把
烤箱 1 台
油纸 1 张

原料

原味曲奇预拌粉 350 克
巧克力曲奇预拌粉 175 克
黄油 60 克
鸡蛋 1 个

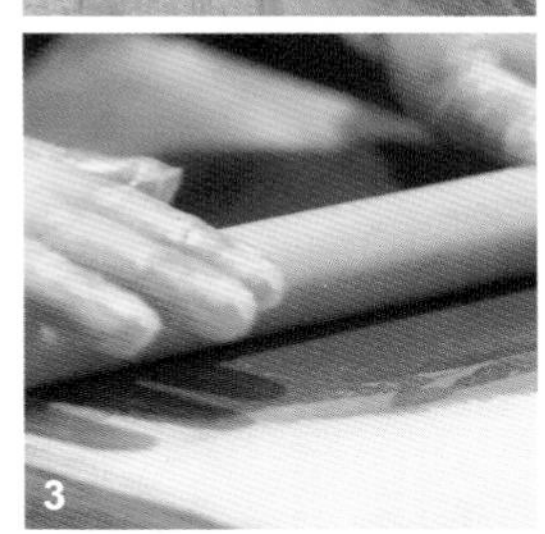

制作过程：

1. 将原味曲奇预拌粉、巧克力曲奇预拌粉、鸡蛋分别倒入 3 个不同的碗中，并用搅拌器打散鸡蛋。

2. 取一半鸡蛋液倒入原味曲奇预拌粉中，再放入一半的黄油，揉成光滑的面团；再将另一半鸡蛋液和黄油倒入巧克力曲奇预拌粉中，揉成光滑面团。

3. 分别把两种面团放在油纸上，用擀面杖擀成薄厚均匀的面饼；把两张面皮平行叠放在一起，再放入冰箱冷冻 10 分钟。

4. 取出冷冻好的面饼，用刀切成宽 1 厘米的细条，按顺序依次叠放在一起，放在油纸内，放入冰箱冷冻 30 分钟；取出冷冻好的面饼，用刀切成约 0.5 厘米厚的薄片，均匀摆放在烤盘里。

5. 将烤盘放入预热好的烤箱中，烤约 25 分钟，取出烤好的饼干即可。

蔓越莓曲奇

烤箱中层，上下火 160℃　25 分钟　3 人份

工具

玻璃碗 1 个
烤箱 1 台
刀 1 把
油纸 1 张

原料

原味曲奇预拌粉 350 克
黄油 120 克
鸡蛋 1 个
蔓越莓干 100 克

制作过程：

1 将预拌粉、软化的黄油、打好的鸡蛋依次加入碗中。

2 将它们一起用手搓揉，搅拌均匀后，倒入蔓越莓干，将它们充分混合均匀。

3 把面团放在油纸上，捏成长方体形，将四周整理光滑，用油纸裹好，放入冰箱冷冻 40 分钟。

4 将冻好的面团取出，用刀切成厚度为 0.5 厘米的薄片，整齐地摆放在烤盘内。

5 将烤盘放入预热好的烤箱中，烤约 25 分钟，取出烤好的曲奇即可。

1

2

3

4

5

大理石曲奇

烤箱中层，上下火 160℃　25 分钟　3 人份

工具

玻璃碗 3 个
搅拌器 1 个
刀 1 把
烤箱 1 台
油纸 2 张

原料

原味曲奇预拌粉 175 克
巧克力曲奇预拌粉 175 克
鸡蛋 1 个
黄油 60 克

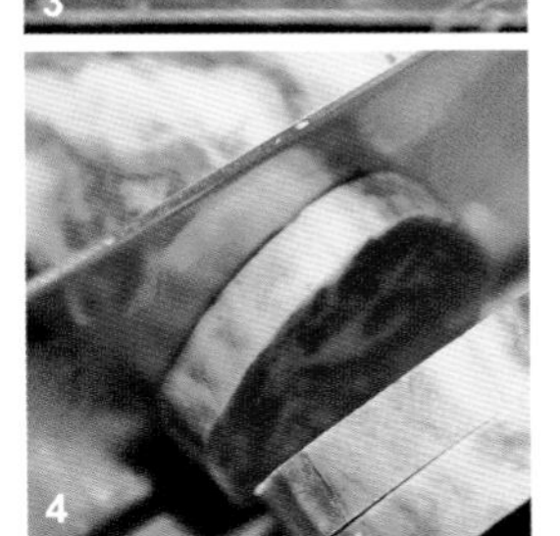

制作过程：

1 备好的 1 个空碗中倒入原味曲奇预拌粉，另取 1 个空碗，用搅拌器把鸡蛋打散；取一半蛋液倒入原味曲奇预拌粉中，再放入一半的黄油，揉成光滑的面团。

2 另取 1 个空碗倒入巧克力曲奇预拌粉，再倒入另一半蛋液和黄油，揉成光滑的面团。

3 把两个面团放在一起揉，然后放到油纸上整理成长条形状，放入冰箱冷冻 40 分钟。

4 取出冷冻好的面团，用刀切成厚度为 0.5 厘米的薄片，均匀地摆放在铺有油纸的烤盘里。

5 将烤盘放入预热好的烤箱中烘烤约 25 分钟，取出烤好的曲奇即可。

双色曲奇

烤箱中层，上下火 160℃　25 分钟　3 人份

工具

玻璃碗 3 个
电动搅拌器 1 个
擀面杖 1 根
刷子 1 把
刀 1 把
烤箱 1 台
油纸 2 张

原料

原味曲奇预拌粉 175 克
巧克力曲奇预拌粉 175 克
黄油 60 克
鸡蛋 1 个
蛋清液适量

制作过程：

1 将原味曲奇预拌粉、巧克力曲奇预拌粉、鸡蛋分别打入 3 个不同的玻璃碗中，用电动搅拌器把鸡蛋打散。

2 取一半蛋液倒入原味曲奇预拌粉中，再放入一半的黄油，揉成光滑的面团；再将另一半蛋液和黄油倒入巧克力曲奇预拌粉中，揉成光滑的面团。

3 分别把面团放在油纸上，用擀面杖擀成面饼，并且整理成有规则的形状；在巧克力曲奇预拌粉面饼上用刷子刷上一层蛋清液后，将 2 张面饼平行叠放在一起，卷起来，放入冰箱冷冻 40 分钟。

4 取出冷冻好的面饼，用刀切成厚度为 0.5 厘米的薄片，均匀地摆放在铺有油纸的烤盘里，并将烤盘放入预热好的烤箱中烘烤大约 25 分钟。

5 取出烤好的曲奇即可。

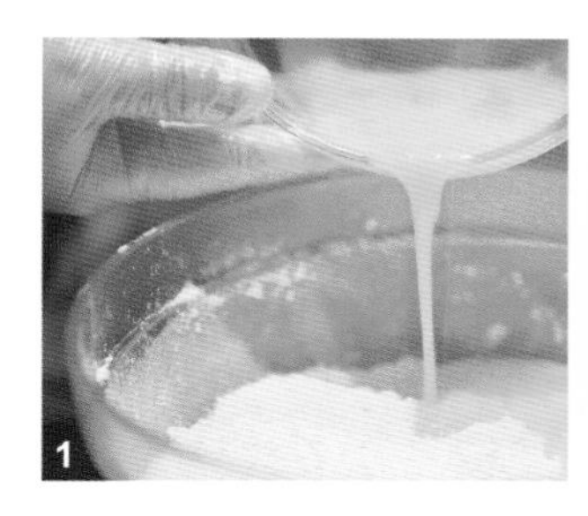

肉松曲奇

烤箱中层，上下火 160℃　25 分钟　2 人份

工具

玻璃碗 1 个
烤箱 1 台
刀 1 把
油纸 2 张

原料

多功能饼干预拌粉 250 克
肉松 30 克
鸡蛋 1 个
盐 3 克
黄油 120 克
白砂糖 90 克

制作过程：

1. 备好的玻璃碗中依次倒入多功能饼干预拌粉、白砂糖、盐，搅拌均匀。

2. 向碗中加入鸡蛋和黄油，揉成面团（揉 3~4 分钟），再加入肉松，搅拌均匀。

3. 把面团放在油纸上，并整理成圆柱形，放入冰箱冰冻 40 分钟左右。

4. 取出冷冻好的面团，用刀切成厚度为 0.5 厘米的薄片，均匀地摆放在铺有油纸的烤盘里。

5. 将烤盘放入预热好的烤箱中烘烤约 25 分钟，取出烤好的曲奇即可。

卡通饼干

烤箱中层，上下火 160℃　25 分钟　3 人份

工具

玻璃碗 1 个
擀面杖 1 根
卡通模具若干个
烤箱 1 台
油纸 2 张

原料

原味曲奇预拌粉 350 克
黄油 80 克
鸡蛋 1 个

制作过程：

1 将原味曲奇预拌粉、软化的黄油、打好的鸡蛋依次加入碗中。

2 将它们一起用手搓揉，搅拌均匀。

3 将面团放在油纸上，再将油纸对折，用擀面杖擀成厚度为 0.5 厘米左右的面饼，放入冰箱冷冻 15 分钟。

4 取出冷冻好的面饼，用卡通模具压成形，将其整齐地摆放在铺有油纸的烤盘内。

5 将烤盘放入预热好的烤箱中烘烤约 25 分钟，取出烤好的曲奇即可。

1

2

3

4

5

揉面团的时间不要太久，以免影响饼干酥松的口感。

字母饼干

烤箱中层，上下火 160℃　25 分钟　3 人份

工具
玻璃碗 1 个
擀面杖 1 根
烤箱 1 台
油纸 2 张
字母模具若干个

原料
原味曲奇预拌粉 350 克
黄油 80 克
鸡蛋 1 个

制作过程：

1. 将原味曲奇预拌粉、软化的黄油、打好的鸡蛋依次加入碗中。

2. 将它们一起用手揉搓，搅拌均匀。

3. 将面团放在油纸上，再将油纸对折，用擀面杖擀成厚度为 0.5 厘米左右的面饼，放入冰箱冷冻 15 分钟。

4. 取出冷冻好的面饼，用字母模具在面饼上压出形状，放入铺有油纸的烤盘内。

5. 将烤盘放入预热好的烤箱里，烤制 25 分钟，取出烤好的曲奇装入盘中即可。

冷冻面饼，是为了压模的时候更好脱模。

趣多多

烤箱中层，上下火 160℃　25 分钟　3 人份

工具

玻璃碗 1 个
搅拌器 1 个
烤箱 1 台
电子秤 1 台
油纸 1 张

原料

巧克力曲奇预拌粉 350 克
黄油 120 克
鸡蛋 1 个
巧克力豆 100 克

制作过程：

1. 将巧克力曲奇预拌粉、软化的黄油依次加入碗中，再倒入用搅拌器打好的鸡蛋，将它们一起用手揉搓，搅拌均匀。

2. 将面团用电子秤分成质量为 13 克左右的小面团，用手揉匀压扁，摆放在铺有油纸的烤盘上。

3. 在每个面饼上均匀地摆放上巧克力豆。

4. 将烤盘放入预热好的烤箱，烤制 25 分钟。

5. 取出烤好的曲奇装入盘中即可。

放入烤盘时，两个面饼之间的空隙要留大些，以免粘连在一起。

糖霜饼干

谁家小孩不吃糖，谁家房子不开窗，谁家时节无霜降？明月健忘，纤卷清风，唱不尽，千古秘史，一段时光。

总是不时地想起，那不肯遗忘的时光，那些昔日的甜蜜记忆。看着糖霜饼干，有多少人会和我一样，怀念起那时的自己，无心无肺，不知烦恼，却再也回不去。还是那年的糖霜饼干，只是你，早已经不是那年的你。

一块糖霜饼干，就能让你破涕为笑。街边再看去，那些小孩子，含着饼干，是不是很像小时候的你。像你那时，心头无忧无虑，笑得很开心。年轮转过，只飘零些凌乱思绪，吃饼干时想起自己，曾经那么多事情，最后记得的也就是少许。

忆童年，有多少人，就有多少方式，吃零食也是一种。不过，像糖霜饼干这样，造型多变，形象鲜明的不多。在那个物质匮乏的年代，远没有像现在这样多食物，一分钱一颗糖果，一毛钱一杯糖水，都值得我们渴望。尤其是，农村长大的孩子，需要亲人从城里买来才有吃。平时，自然没有这些，只有在逢年过节时才会有。

如今的你，是不是会想起这味道，叫你孩子一起吃？或者，跟你的朋友一起品尝，回味你们当年的味道。

烤箱中层，上下火 160℃　25 分钟　3 人份

工具
- 玻璃碗 2 个
- 电动搅拌器 1 个
- 裱花袋 1 个
- 擀面杖 1 根
- 烤箱 1 台
- 长柄刮板 1 个
- 油纸 3 张
- 饼干模具若干个

原料
- 原味曲奇预拌粉 350 克
- 黄油 80 克
- 鸡蛋 1 个
- 蛋清 40 克
- 柠檬汁 4 滴
- 糖粉 200 克

制作过程：

1 空碗中倒入原味曲奇预拌粉，打入鸡蛋，放入黄油，用手揉成光滑的面团。

2 把面团放在油纸上，用擀面杖擀成面饼，拿出饼干模具在面饼上压出饼干形，剩下的边角料可再次揉成面团擀成面饼压成饼干，均匀地摆放在铺有油纸的烤盘内。

3 将烤盘放入预热好的烤箱里，烤制 25 分钟。

4 空碗中倒入蛋清，并用电动搅拌器打发，再加入糖粉，用电动搅拌器打发至糖霜状态。

5 滴入柠檬汁搅匀，用长柄刮板将糖霜装入裱花袋内，在烤好的饼干上挤上图案即可。

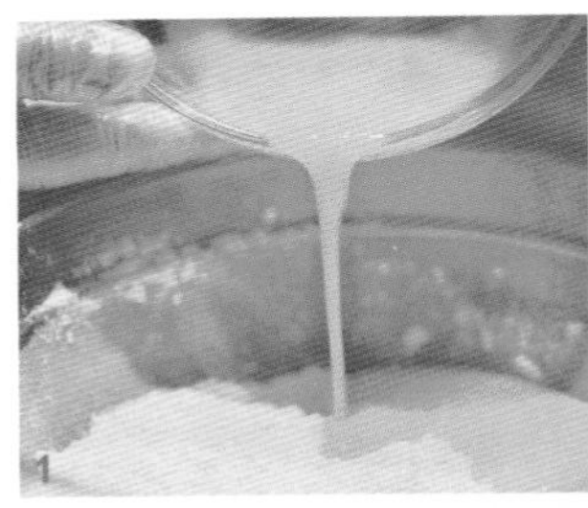
1

2

3

4

5

烘焙点睛

蛋清要打发到没有液态状，提拉时有一个尖会立起方可。

猫爪饼干

猫爪饼干，顾名思义就是形似猫爪的饼干，光听名字就想看看它到底有多么可爱！仿似真的猫爪一般，一出炉就挠人心房，让人垂涎欲滴。

有些人可能会问，今天这些美味的饼干起源于何处呢？其实，饼干的产生是来自一个美丽的意外。

19 世纪 50 年代的一天，法国比斯湾，狂风使一艘英国帆船触礁搁浅，船员死里逃生来到一个荒无人烟的小岛。风停后，人们回到船上找吃的，但船上的面粉、砂糖、奶油全部被水泡了，他们只好把泡在一起的面糊带回岛上，并将它们捏成一个个小团，烤熟后吃。没想到，烤熟的面团又松又脆，味道可口。

和其他烘焙相比，饼干的制作也许是最容易上手的，而且也最容易带来成就感。几个简单的步骤，就能让你轻松做出香甜可口、香气四溢的饼干。

当你渐渐心动的时候，你要相信，心动不如行动！一起跟着我们来动手捏一捏，让可爱的猫爪饼干在你的手上成形，接受这美味的诱惑吧！

烤箱中层，上下火 160℃　25 分钟　3 人份

工具		原料
玻璃碗 3 个	烤箱 1 台	原味曲奇预拌粉 350 克
搅拌器 1 个	大、小圆形模具各 1 个	巧克力曲奇预拌粉 175 克
裱花嘴 1 个	油纸 3 张	黄油 60 克
擀面杖 1 根		鸡蛋 1 个

制作过程：

1. 空碗中倒入原味曲奇预拌粉，再将鸡蛋用搅拌器打散备用；取一半蛋液倒入原味曲奇预拌粉中，再放入一半的黄油，揉成光滑的面团。

2. 另取 1 个空碗倒入巧克力曲奇预拌粉，再倒入另一半蛋液和黄油，揉成光滑的面团；将两个面团分别放在油纸上，用擀面杖擀成面饼。

3. 将原味曲奇的面饼用大的圆形模具按压出形状，摆放在烤盘上；将部分巧克力曲奇面饼用小一点的圆形模具按压出形状，放在刚刚摆放好的原味曲奇面饼上。

4. 再用圆形的裱花嘴在剩下的巧克力曲奇面饼上按压出形状，做成猫爪的脚趾样。

5. 将烤盘放入预热好的烤箱中，烤制 25 分钟，取出烤好的饼干装入盘中即可。

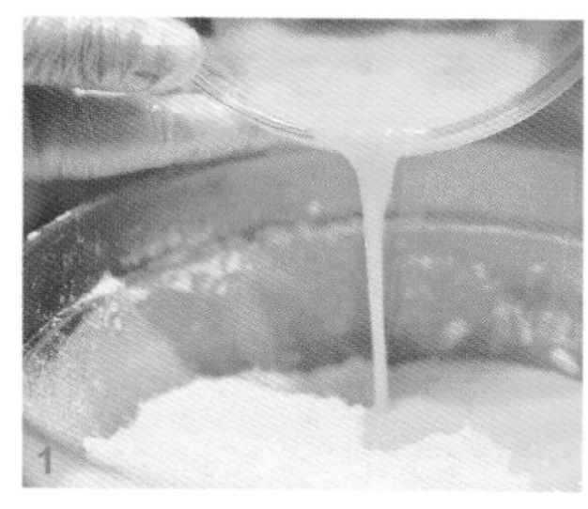

面团要擀制成薄一点的面饼，这样烤出来的饼干更加香脆可口。

Part 3

5 步速成

蛋糕君的甜蜜物语

蛋糕是甜蜜的，蛋糕是快乐的，蛋糕也是幸福的，不同的蛋糕代表着不同的心情和意义。生日、恋爱、婚礼，在人生很多的重要时刻，蛋糕就像一个记录者，承载着我们与身边人对生活欢聚时刻的记忆。

蛋糕好像把人间的爱意都融入其中了，每一次制作蛋糕时，就好似可以触摸到幸福一样，美妙的感觉随着蛋糕一起在烤箱里慢慢膨胀，直达人心。亲手制作一个蛋糕，向他或她传达你的心意。

原味蒸蛋糕

电饭锅　25 ~ 30 分钟　2 人份

工具

不锈钢盆 1 个
电动搅拌器 1 个
长柄刮板 1 个
电饭锅 1 个
刷子 1 把

原料

原味蒸蛋糕预拌粉 250 克
水 40 毫升
鸡蛋 4 个
植物油 50 毫升

制作过程：

1 在空盆中依次加入原味蒸蛋糕预拌粉、水、鸡蛋，用电动搅拌器充分打发。

2 再倒入植物油，搅拌均匀。

3 在电饭锅内用刷子刷少许油。

4 用长柄刮板将面糊倒入电饭锅，调到煮饭模式，蒸 25~30 分钟。

5 蛋糕蒸好后即可食用。

提子蒸蛋糕

电饭锅　25 ~ 30 分钟　3 人份

工具

不锈钢盆 1 个
电动搅拌器 1 个
长柄刮板 1 个
电饭锅 1 个
刷子 1 把

原料

原味蒸蛋糕预拌粉 250 克
水 40 毫升
鸡蛋 4 个
植物油 50 毫升
提子干 100 克

制作过程：

1 在空盆中依次加入原味蒸蛋糕预拌粉、水、鸡蛋，用电动搅拌器充分打发。

2 再倒入植物油和提子干，搅拌均匀。

3 在电饭锅内用刷子刷少许油。

4 用长柄刮板将面糊倒入电饭锅，调到煮饭模式，蒸 25~30 分钟。

5 蛋糕蒸好后即可食用。

卡通蒸蛋糕

卡通蒸蛋糕机　1分钟　3人份

工具

不锈钢盆1个
电动搅拌器1个
裱花袋1个
长柄刮板1个
卡通蒸蛋糕机1台
刷子1把
刀1把

原料

原味蒸蛋糕预拌粉250克
水40毫升
鸡蛋4个
植物油50毫升

制作过程：

1. 在空盆中依次加入原味蒸蛋糕预拌粉、水、鸡蛋，再用电动搅拌器充分打发。

2. 倒入植物油，搅拌均匀。

3. 在卡通蒸蛋糕机内用刷子刷少许油，用长柄刮板将面糊装入裱花袋。

4. 把面糊挤入卡通蒸蛋糕机烤制 30 秒后，用小刀将蛋糕翻面再烤 30 秒。

5. 将烤好的蛋糕装入盘中即可食用。

蔓越莓蒸蛋糕

人们对蛋糕并不陌生，虽然它不是每天生活的必需品，但在每个人的一生中，特别是每当生日聚会或祝寿大宴，亲戚、朋友或爱人在一起聚餐时，蛋糕都是必不可少的享用食品。

其实每个人的感情就如同那块大蛋糕，它是那么的绚丽多彩，是那样的美味可口，让人们尽情地品尝并享受着生活的幸福。

平凡如蒸蛋糕，尽管外表朴实，做法简单，但口感却是松软香甜，奶香浓郁，是最适合老人、孩子食用的点心，加上果粒饱满的蔓越莓，真真是营养十足，味道更是极好的。

蔓越莓的名称来源于它的原称“鹤莓”，因为蔓越莓的花朵很像鹤的头和嘴。对于北美洲的印第安部落，蔓越莓代表着营养和健康，他们用干鹿肉搅拌蔓越莓渣和油做成饼食用，也常用蔓越莓涂抹在伤口上吸收箭毒。

在殖民地时代，野生蔓越莓就已经是“新大陆”最早出口到英国的产品之一。水手们在船上随时备有蔓越莓，预防缺乏维生素 C 所引发的疾病。

当平凡的蒸蛋糕遇上了有故事的蔓越莓，一场激发味蕾的盛宴就此展开了。

切一块蔓越莓蒸蛋糕，研磨一杯咖啡或沏上一杯红茶，约上两三位好友，在阳光下惬意地消磨下午时光，人生最美的事不过如此。

电饭锅 25 ~ 30 分钟 2 人份

工具

不锈钢盆 1 个
电动搅拌器 1 个
长柄刮板 1 个
电饭锅 1 个
刷子 1 把

原料

原味蒸蛋糕预拌粉 250 克
水 40 毫升
鸡蛋 4 个
植物油 50 毫升
蔓越莓干 100 克

制作过程：

1 在空盆中依次加入原味蒸蛋糕预拌粉、水、鸡蛋，用电动搅拌器充分打发。

2 再倒入植物油和蔓越莓干搅拌均匀。

3 在电饭锅内用刷子刷少许植物油。

4 将面糊倒入电饭锅，调到煮饭模式，蒸 25 ~ 30 分钟。

5 蛋糕蒸好后即可食用。

烘焙点睛

蒸蛋糕之前，先把电饭锅在桌上轻敲几下，排出面糊里的空气，可使蒸出来的蛋糕口感更加柔软。

海绵蛋糕

奶油的依恋，是它流入心扉的甜蜜，一层连一层的糕体，是它无限的上进。深红色的草莓，带着翠玉色的叶子，坐落在它的身上，悠闲地述说它的美味。

海绵蛋糕因自身的结构类似于多孔的海绵而得名，那口感绵甜，令人难忘。不过所用的原料却是很简单，鸡蛋、白糖、面粉及少量油脂等，随处可买。

在蛋糕界这个庞大的家族中，海绵蛋糕实在显得有些平常。因为太常见了，常见到哪怕你在再小的蛋糕店，都能见到它的身影，柔弱，却不卑不亢。

静静地待在柜台里，怡然而立，如同儒雅的名士，任凭世人的抉择与言语，它自安好。不管你来或不来，也不管你爱或不爱，它就是那神态。

褪尽曾经的万丈光芒，露出本色纯正的自己。在高温中，它也不会变得坚硬。只是从面团变成了蛋糕，一个华丽的变身，从难以辨别到确定最终的形态。黄金色的表皮，嫩蛋黄般的肉色，显得有一些任性，又有一些可爱和骄傲。

它看似软弱，实则很坚强，坚强得足以在自己身上堆砌出九重宝塔，它之所以能够屹立在华丽的蛋糕家族中，自有它的理由。重要并美好的时刻，你都会想起它，只因它，有名到足以让它飘洋过海，将祝福从世界的西方送到东方。

烤箱中层，上下火 160℃　30 分钟　2 人份

工具

电动搅拌器 1 个
不锈钢盆 1 个
玻璃碗 1 个
橡皮刮刀 1 把
剪刀 1 把
奶油抹刀 1 把
油纸 2 张
烤箱 1 台

原料

海绵蛋糕预拌粉 250 克
鸡蛋 5 个
水 65 毫升
植物油 60 毫升
淡奶油 100 毫升
砂糖 30 克

制作过程：

1. 将海绵蛋糕预拌粉倒入空盆中，依次打入鸡蛋，加入水，用电动搅拌器打发至画“8”字后，字不消失。
2. 向面糊中倒入植物油，搅拌均匀，把面糊放入铺有油纸的烤盘中，举起烤盘轻敲两下，把气泡排出来。
3. 将烤箱预热 5 分钟，然后放入将烤盘放入烤箱中烤制 30 分钟。
4. 在空碗中倒入淡奶油，加入砂糖，用电动搅拌器充分打发。
5. 取出烤好的蛋糕，放在油纸上，抹一层打发好的奶油，将蛋糕切好，摆上草莓即可。

1

2

3

4

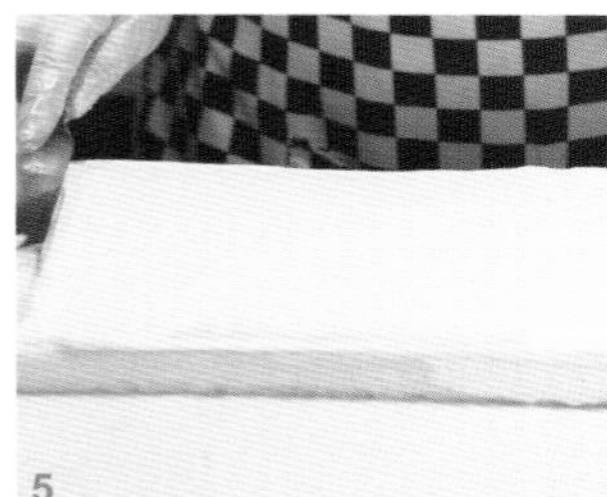
5

奶油可加可不加，可根据自己喜好添加。

原味瑞士卷

烤箱中层，上下火 160℃　30 分钟　2 人份

工具
电动搅拌器 1 个
不锈钢盆 1 个
玻璃碗 1 个
橡皮刮刀 1 把
剪刀 1 把
奶油抹刀 1 把
油纸 2 张
烤箱 1 台

原料
海绵蛋糕预拌粉 250 克
鸡蛋 5 个
水 65 毫升
植物油 60 毫升
淡奶油 100 毫升
砂糖 30 克

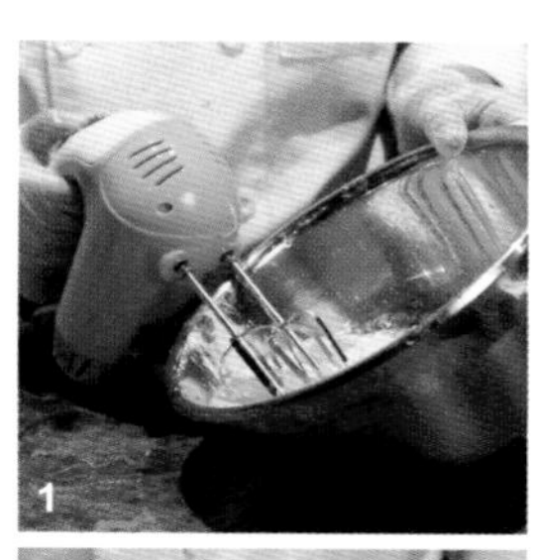

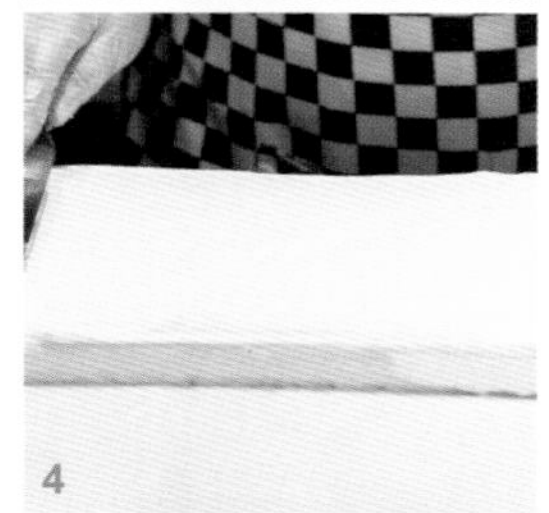

制作过程：

1. 在盆中倒入海绵蛋糕预拌粉，打入鸡蛋，加入水，用电动搅拌器打发至画“8”字后，字不消失。

2. 向面糊中倒入植物油，用橡皮刮刀搅拌均匀后，把面糊放入铺有油纸的烤盘中，举起烤盘在桌面敲两下，把气泡排出来。

3. 将烤箱预热 5 分钟，然后将烤盘放入烤箱中烤制 30 分钟，在空碗中倒入淡奶油，再加入砂糖，用电动搅拌器充分打发。

4. 将烤好的蛋糕从烤盘中取出，放在油纸上，抹一层打发好的奶油，用油纸包裹后卷一圈。

5. 将卷好的瑞士卷放入冰箱冷藏 10 分钟左右，取出用刀切片即可食用。

趁热倒扣并撕去底部烤纸再放凉，可防止蛋糕收缩。

巧克力瑞士卷

烤箱中层，上下火 160℃ 30 分钟 2 人份

工具

电动搅拌器 1 个
长柄刮板 1 个
不锈钢盆 1 个
玻璃碗 2 个
烤箱 1 台
刀 1 把
油纸 2 张

原料

海绵蛋糕预拌粉 250 克
鸡蛋 5 个
巧克力粉 8 克
淡奶油 100 毫升
植物油 60 毫升
白砂糖、热水各适量

制作过程：

1 备好的空盆中依次倒入海绵蛋糕预拌粉、水、鸡蛋，用电动搅拌器搅拌均匀，然后打发。

2 用适量的热水溶解巧克力粉，将其倒入打发好的面糊中，再倒入植物油，用长柄刮板搅拌均匀。

3 搅拌好的面糊倒入带有油纸的烤盘中，在桌面轻敲几下排出气泡，放入预热好的电烤箱里，烤制 30 分钟即可。

4 在玻璃碗中倒入淡奶油，再加入白砂糖，用电动搅拌器打发。

5 桌子上铺一层油纸，把烤好的巧克力蛋糕放在上面，涂一层打发好的奶油，卷起来，放冰箱冷藏 10 分钟，取出后用刀切成圆片即可。

烤好后马上从烤箱里取出，以免在烤箱里吸收水汽，影响口感，口味偏甜的也可以稍多加一点糖。

抹茶瑞士卷

烤箱中层，上下火 160℃　30 分钟　2 人份

工具

电动搅拌器 1 个
不锈钢盆 1 个
长柄刮板 1 个
玻璃碗 2 个
擀面杖 1 根
烤箱 1 台
奶油抹刀 1 把
油纸 2 张

原料

海绵蛋糕预拌粉 250 克
鸡蛋 5 个
淡奶油 100 毫升
植物油 60 毫升
抹茶粉 8 克
白砂糖、热水各适量

制作过程：

1. 备好的空盆中倒入海绵蛋糕预拌粉、水、鸡蛋，用电动搅拌器搅拌均匀，然后打发。

2. 用适量的热水溶解抹茶粉，将其倒入打发好的面糊中，再倒入植物油，搅拌均匀。

3. 备好的烤盘中铺上油纸，用长柄刮板将面糊倒入烤盘中，在桌面轻敲几下，把气泡排出来。

4. 将烤盘放入预热好的烤箱中，烤制 30 分钟；在玻璃碗中倒入淡奶油，加入白砂糖（喜欢甜的可以多加），用电动搅拌器打发。

5. 桌子上铺一层油纸，把烤好的抹茶蛋糕放在上面，用奶油抹刀涂一层打发好的奶油，借助擀面杖卷起来整形，放冰箱冷藏 10 分钟，取出后用刀切成圆片即可。

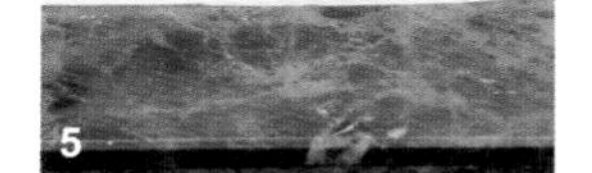

可用蜂蜜代替白砂糖，营养会更丰富。

草莓瑞士卷

烤箱中层，上下火 160℃ 30 分钟 2 人份

工具

电动搅拌器 1 个
不锈钢盆 1 个
玻璃碗 1 个
橡皮刮刀 1 把
剪刀 1 把
奶油抹刀 1 把
油纸 2 张
烤箱 1 台

原料

海绵蛋糕预拌粉 250 克
鸡蛋 5 个
水 65 毫升
植物油 60 毫升
淡奶油 100 毫升
砂糖 30 克
鲜草莓 120 克
香芹叶少许

制作过程：

1. 剪开海绵蛋糕预拌粉倒入空盆中，打入鸡蛋，加入水，用电动搅拌器打发至画“8”字后，字不消失。

2. 向面糊中倒入植物油，用橡皮刮刀搅拌均匀，把面糊倒入铺有油纸的烤盘中，在桌面轻敲几下烤盘，把气泡排出来。

3. 将烤箱预热 5 分钟，然后放入烤盘烤制 30 分钟。

4. 在空碗中倒入淡奶油，加入砂糖，用电动搅拌器充分打发；取出烤好的蛋糕放在油纸上，用奶油抹刀抹一层打发好的奶油，再将鲜草莓依次排列在上面，用油纸包裹后卷一圈。

5. 把卷好的瑞士卷放入冰箱冷藏 10 分钟，取出后用草莓和香芹叶装饰即可食用。

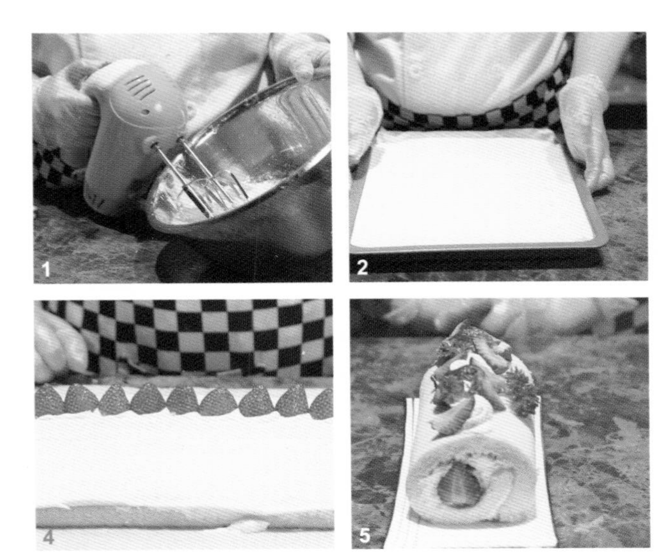

烤好后马上从烤箱里取出，以免在烤箱里吸收水汽而影响口感。

芒果瑞士卷

烤箱中层，上下火 160℃　30 分钟　2 人份

工具

电动搅拌器 1 个
不锈钢盆 1 个
玻璃碗 1 个
橡皮刮刀 1 把
剪刀 1 把
奶油抹刀 1 把
油纸 2 张

原料

海绵蛋糕预拌粉 250 克
鸡蛋 5 个
水 65 毫升
植物油 60 毫升
淡奶油 100 毫升
砂糖 30 克
鲜芒果粒 120 克

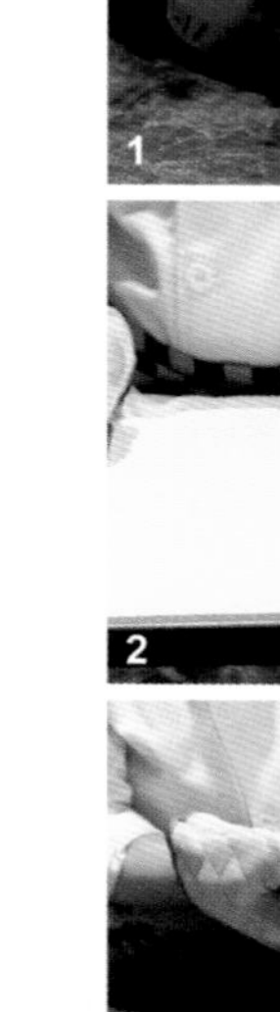

制作过程：

1. 剪开海绵蛋糕预拌粉倒入空盆中，打入鸡蛋，加入水，用电动搅拌器打发至画“8”字后，字不消失。

2. 向面糊中倒入植物油，搅拌均匀，把面糊倒入铺有油纸的烤盘中，在桌面轻敲几下烤盘，把气泡排出来。

3. 将烤箱预热 5 分钟，然后放入烤盘烤制 30 分钟。

4. 在空碗中倒入淡奶油，加入砂糖，用电动搅拌器充分打发；将烤好的蛋糕从烤盘中取出，放在油纸上，抹一层打发好的奶油。

5. 把准备好的鲜芒果粒依次排列在上面，用油纸包裹后卷一圈，将卷好的瑞士卷放入冰箱冷藏 10 分钟，取出后装饰奶油及芒果即可食用。

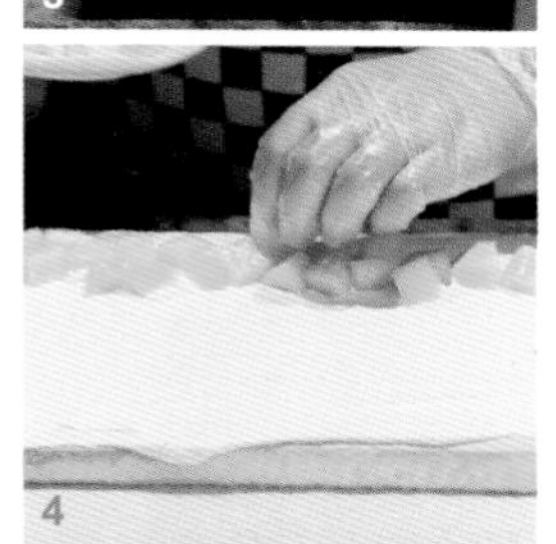

可根据个人的口味喜好添加奶油。

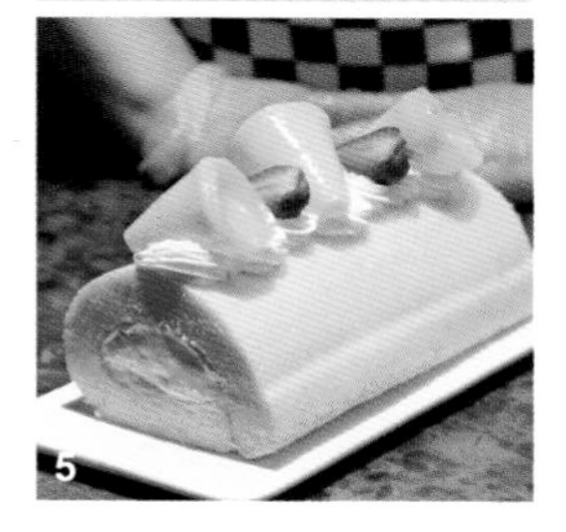

原味玛芬

烤箱中层，上下火 160℃ 25 分钟 2 人份

工具

蛋糕纸杯数个
不锈钢盆 1 个
搅拌器 1 个
长柄刮板 1 个
裱花袋 1 个
烤箱 1 台

原料

原味玛芬预拌粉 175 克
水 45 毫升
鸡蛋 1 个
植物油 42 毫升

制作过程：

1　将预拌粉、水、鸡蛋装入盆中，用搅拌器搅拌均匀。

2　分 2 次加入植物油，分次搅拌均匀，再用长柄刮板将面糊装入裱花袋。

3　再挤入备好的蛋糕纸杯中至七分满。

4　将纸杯整齐摆放在烤盘内，再将烤盘放入预热好的烤箱，烤制 25 分钟。

5　取出烤好的玛芬即可。

为了保证美观，请不要使蛋糕纸杯边缘沾有预拌粉。

蔓越莓玛芬

烤箱中层，上下火 160℃　25 分钟　2 人份

工具

搅拌器 1 个
不锈钢盆 1 个
裱花袋 1 个
长柄刮板 1 个
蛋糕纸杯数个
剪刀 1 把
烤箱 1 台

原料

原味玛芬预拌粉 175 克
水 45 毫升
鸡蛋 1 个
植物油 42 毫升
蔓越莓干 15 克

制作过程：

1 将预拌粉、水、鸡蛋装入盆中，用搅拌器搅拌均匀，分 2 次加入植物油，分次搅拌均匀。

2 用剪刀剪碎蔓越莓干，再倒入面糊中，充分搅拌均匀。

3 用长柄刮板将面糊装入裱花袋，再挤入备好的蛋糕纸杯中至七分满，并整齐地摆放在烤盘内。

4 将烤盘放入预热好的烤箱，烤制 25 分钟。

5 取出烤制好的玛芬即可。

可以在蛋糕生坯顶部再放入少许蔓越莓干之后进行烤制，这样会更美观。

提子玛芬

烤箱中层，上下火 160℃　25 分钟　3 人份

工具

搅拌器 1 个
不锈钢盆 1 个
裱花袋 1 个
长柄刮板 1 个
蛋糕纸杯数个
剪刀 1 把
烤箱 1 台

原料

原味玛芬预拌粉 175 克
水 45 毫升
鸡蛋 1 个
植物油 42 毫升
提子干 15 克

制作过程：

1. 将预拌粉、水、鸡蛋装入盆中，用搅拌器搅拌均匀，分两次加入植物油，分次搅拌均匀。

2. 用剪刀剪碎提子干，再倒入面糊中，充分搅拌均匀。

3. 用长柄刮板将面糊装入裱花袋，再挤入备好的蛋糕纸杯中至七分满，并整齐地摆放在烤盘内。

4. 将烤盘放入预热好的烤箱，烤制 25 分钟。

5. 取出烤好的玛芬即可。

为了使提子玛芬看起来更具“颜值”，可饰以奶油、草莓等。

巧克力玛芬

烤箱中层，上下火 160℃ 25 分钟 2 人份

工具

搅拌器 1 个
不锈钢盆 1 个
长柄刮板 1 个
裱花袋 1 个
蛋糕纸杯数个

原料

巧克力玛芬预拌粉 125 克
水 45 毫升
鸡蛋 1 个
植物油 42 毫升

制作过程：

1. 将预拌粉、水、鸡蛋装入盆中，用搅拌器搅拌均匀，分 2 次加入植物油，分次搅拌均匀。

2. 用长柄刮板将面糊装入裱花袋，再挤入备好的蛋糕纸杯中至七分满，并整齐地摆放在烤盘内。

3. 将烤盘放入预热好的烤箱，烤制 25 分钟。

4. 取出烤好的玛芬即可。

为了使巧克力玛芬看起来更具有食欲，可适当加以奶油、巧克力片、草莓等。

红枣玛芬

红枣玛芬，第一次听到这个名字，有些错愕，如同发觉脚踏东西两个半球。知晓是蛋糕后，才觉得可以试试。见了“本尊”，觉得红枣不错，但加了奶油会是什么味道呢？没忍住咬了一口，吃到了下面的蛋糕，然后就果断吃完了整个。

红枣玛芬属于素食。也许你会问，蛋糕里面不是有鸡蛋吗，鸡蛋怎么可能是素的？这说起来还和乾隆皇帝有关。

据载，乾隆下江南时，曾到天宁寺进香还愿，趁酒兴赏全寺僧人鸡蛋吃，试探僧人是否遵守佛规，方丈借用佛家的因果之说，解释了鸡蛋孵化成鸡后是有意识的生命，才算荤食；鸡蛋未孵化成鸡前就像桃子一样，没有意识，只算素食。乾隆皇帝一听，果真是佛家高见啊，太有道理了，当即恩准了。

到红枣玛芬时，不自觉地想到了那句话，世间所有的相遇，都是久别重逢。故而，见闻某些人，某些食物，才会让你莫名其妙地欢喜，不禁流露出来。

烤箱中层，上下火 160℃　25 分钟　2 人份

工具	原料
不锈钢盆 1 个 搅拌器 1 个 长柄刮板 1 个 裱花袋 1 个 蛋糕纸杯数个 烤箱 1 台	红枣玛芬预拌粉 175 克 水 45 毫升 鸡蛋 1 个 植物油 42 毫升

制作过程：

1. 将预拌粉、水、鸡蛋装入盆中，用搅拌器搅拌均匀，分两次加入植物油，分次搅拌均匀。

2. 用长柄刮板将面糊装入裱花袋，再挤入备好的蛋糕纸杯中至七分满。

3. 将纸杯整齐地摆放在烤盘内。

4. 将烤盘放入预热好的烤箱，烤制 25 分钟。

5. 取出烤好的红枣玛芬即可。

为了使红枣玛芬看起来更具有食欲，可饰以奶油、红枣、香芹叶等。

芒果慕斯

一提到芒果，就感觉有一缕缕芒果香飘来，围绕在鼻尖，不曾散去。

芒果总是在不经意间垂满枝头，绝不像红红的荔枝诱人垂涎欲滴，也不如柑橘那般芳香四溢，它只是那么不骄不躁，不露锋芒，自成一派。

而慕斯，光听名字就能让人感觉到浪漫气息的奶冻式甜点，最早出现在美食之都法国巴黎，甜点大师们为了改善奶油的结构并起到稳定的作用，而创造出了这种全新的甜点。

当芒果遇上了慕斯，你能想象到会发生什么美妙的事呢?

未尝，便已闻到鲜甜的芒果香气，这份饱满的新鲜感岂是那些依靠芒果香精、芒果浓缩汁的蛋糕们所能呈现的!

大块大块的芒果果肉和慕斯融为一体、彼此映衬，柔嫩得只需要轻轻一抿，凉凉的感觉，入口即化的质感，让人无法拒绝。

这就是法兰西情人——芒果慕斯。

冰箱　120 分钟　2 人份

工具			原料
不锈钢盆 1 个	冰箱 1 台		慕斯预拌粉 116 克
搅拌器 1 个	平底方盘 1 个		牛奶 210 毫升
电动搅拌器 1 个	慕斯蛋糕模具 1 个		淡奶油 333 毫升
长柄刮板 1 个	保鲜膜 1 张		芒果果酱 300 克
圆盘 1 个	剪刀、刀各 1 把		海绵蛋糕体 2 个

制作过程：

1 牛奶倒入盆中加热至翻滚，加入圆盘上的慕斯预拌粉，用搅拌器搅匀，离火冷却至常温。

2 将淡奶油用电动搅拌器充分打发后，分 2 次倒入冷却好的面糊中，拌匀后加入芒果果酱，再次拌匀。取出保鲜膜，包裹在模具的一面作为模具底面，并将模具放在平底方盘上。

3 放入 1 个海绵蛋糕体，倒入面糊，盖住海绵蛋糕体，再放入 1 个海绵蛋糕体，倒入剩下的面糊，与模具边缘齐平。

4 举起模具沿桌边轻敲两下，使面糊表面平整，随即放入冰箱冷冻 2 小时。

5 将冷冻好的慕斯从冰箱中取出后脱模，用刀切块即可食用，若喜欢还可铺上芒果果肉和番茄叶进行装饰。

1

2

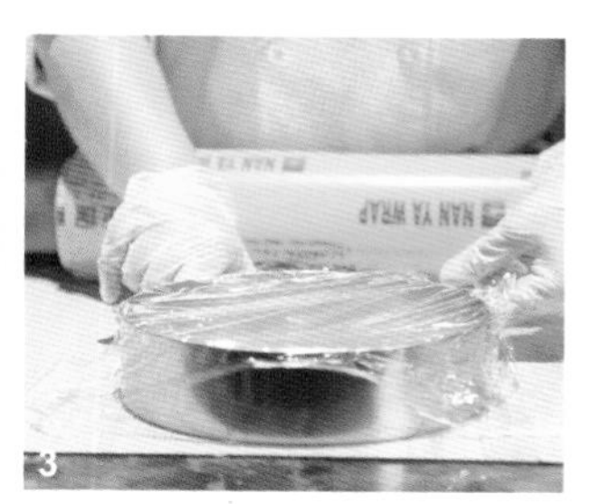
3

4

5

烘焙点睛

1. 加热牛奶时，要不停地搅拌，以免糊锅。
2. 若要加快面糊的冷却，也可隔冷水降温或不停搅拌以加速降温。

草莓慕斯

冰箱　120 分钟　2 人份

工具

冰箱 1 台
不锈钢盆 1 个
搅拌器 1 个
电动搅拌器 1 个
长柄刮板 1 个
圆盘、平底方盘各 1 个
慕斯蛋糕模具 1 个
保鲜膜 1 张
剪刀、刀各 1 把

原料

慕斯预拌粉 116 克
牛奶 210 毫升
淡奶油 333 毫升
草莓果酱 300 克，
海绵蛋糕体 2 个
草莓适量

制作过程：

1. 预拌粉剪开倒入圆盘，牛奶倒入盆中加热至翻滚，加入慕斯预拌粉，用搅拌器搅匀，离火冷却至常温。

2. 将淡奶油用电动搅拌器打发后，分 2 次倒入冷却好的面糊中，用长柄刮板搅匀后加入草莓果酱，再次搅拌均匀。

3. 将揉好的面糊用长柄刮板放入装有裱花嘴的裱花袋，取出保鲜膜，将保鲜膜包裹在模具的一面作为模具底面，并将模具放在平底方盘上。

4. 放入 1 个海绵蛋糕体，倒入面糊并将表面抹平，再放入 1 个海绵蛋糕体，将剩下的面糊倒入模具，举起模具沿桌边轻敲两下，使面糊表面平整，随即放入冰箱冷冻 2 小时。

5. 将冷冻好的慕斯从冰箱中取出后脱模，用刀切块，再铺上草莓即可。

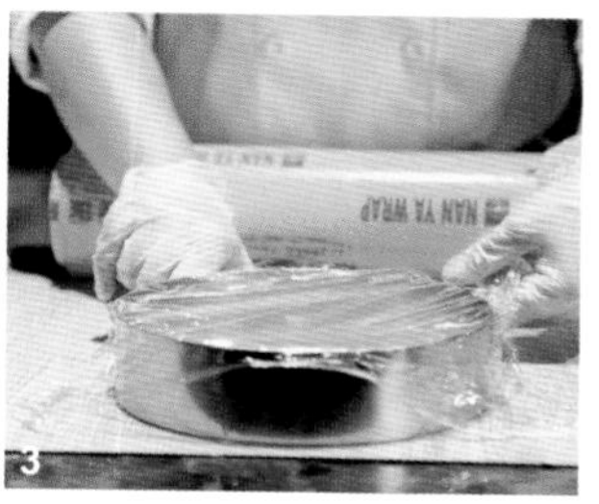

蓝莓慕斯

冰箱　120分钟　2人份

工具

冰箱1台
不锈钢盆1个
搅拌器1个
电动搅拌器1个
长柄刮板1个
圆盘、平底方盘各1个
慕斯蛋糕模具1个
保鲜膜1张
剪刀、刀各1把

原料

慕斯预拌粉116克
牛奶210毫升
淡奶油333毫升
蓝莓果酱300克
海绵蛋糕体2个
开心果适量
蕃茜叶适量

制作过程：

1 慕斯预拌粉剪开倒入圆盘；牛奶倒入盆中加热至翻滚，再加入预拌粉，用搅拌器搅匀，离火冷却至常温。

2 将淡奶油用电动搅拌器充分打发，分 2 次倒入冷却好的面糊中，用长柄刮板搅匀后加入适量蓝莓果酱，再次搅均匀。

3 取出保鲜膜，将保鲜膜包裹在模具的一面作为模具底面，并将模具放在平底方盘上。

4 放入 1 个海绵蛋糕体，倒入面糊，盖住海绵蛋糕体，再放入 1 个海绵蛋糕体，倒入剩下的面糊，与模具边缘齐平，举起模具沿桌边轻敲两下，让面糊表面平整，随即放入冰箱冷冻 2 小时。

5 将冷冻好的慕斯从冰箱中取出后脱模，用刀切块并在表面抹上蓝莓果酱，用开心果和蕃茜叶进行装饰即可。

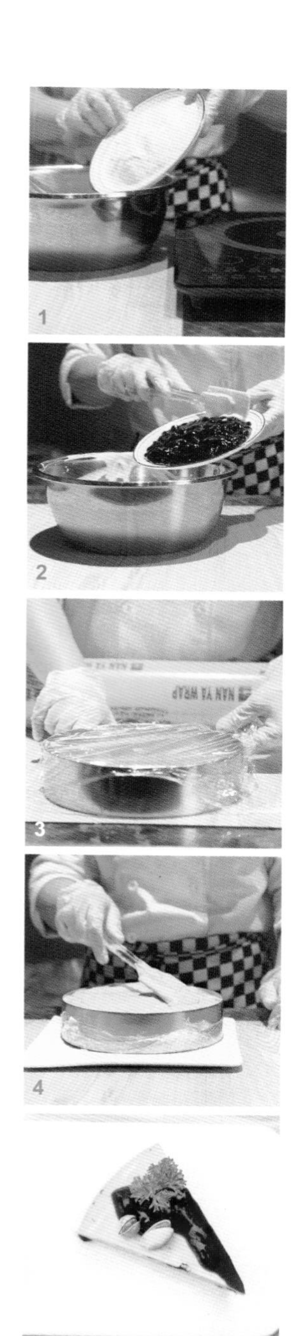

双味慕斯

冰箱　120 分钟　2 人份

工具

不锈钢盆 2 个
冰箱 1 台
搅拌器 1 个
电动搅拌器 1 个
长柄刮板 1 个
圆盘、平底方盘各 1 个
慕斯蛋糕模具 1 个
保鲜膜 1 张
剪刀、刀各 1 把

原料

慕斯预拌粉 116 克
牛奶 210 毫升
淡奶油 333 毫升
草莓果酱 150 克
蓝莓果酱 150 克
海绵蛋糕体 2 个
草莓适量

制作过程：

1. 预拌粉剪开倒入圆盘；牛奶倒入盆中加热至翻滚，加入预拌粉，用搅拌器搅匀，离火冷却至常温。

2. 将淡奶油用电动搅拌器充分打发，分 2 次倒入冷却好的面糊中，用长柄刮板搅拌均匀，将拌好的面糊一分为二。

3. 在其中一份面糊中加入蓝莓果酱，搅拌均匀；再在另一份面糊中加入草莓果酱，搅拌均匀；取出保鲜膜，包裹在模具的一面作为模具底面，并将模具放在平底方盘上。

4. 放入 1 个海绵蛋糕体，倒入草莓面糊，盖住海绵蛋糕体，再放入 1 个海绵蛋糕体，倒入蓝莓面糊，与模具边缘齐平，举起模具沿桌边轻敲两下，让面糊表面平整，随即放入冰箱冷冻 2 小时。

5. 将冷冻好的慕斯从冰箱中取出后脱模，用刀切块并在表面挤上奶油，放上草莓进行装饰即可。

1

2

3

4

5

巧克力慕斯

冰箱　120 分钟　2 人份

工具

不锈钢盆 3 个
冰箱 1 台
搅拌器 1 个
电动搅拌器 1 个
长柄刮板 1 个
圆盘、平底方盘各 1 个
慕斯蛋糕模具 1 个
保鲜膜 1 张
剪刀、刀各 1 把

原料

慕斯预拌粉 116 克
牛奶 210 毫升
淡奶油 333 毫升
黑巧克力 300 克
海绵蛋糕体 2 个

制作过程：

1 将巧克力隔水加热；另置一个空盆，把牛奶倒入盆中，加热至翻滚。

2 预拌粉剪开放置在圆盘上，再倒入牛奶盆中，用搅拌器搅拌均匀，将盆冷却至常温。

3 将淡奶油用电动搅拌器充分打发，分 2 次倒入冷却好的面糊中，用长柄刮板拌匀，加入融化好的黑巧克力，拌匀；取出保鲜膜，将保鲜膜包裹在模具的一面作为模具底面。

4 放入 1 个海绵蛋糕体，倒入面糊，盖住海绵蛋糕，再放入 1 个海绵蛋糕体，倒入剩下的面糊，与模具边缘齐平，举起模具沿桌边轻敲两下，让面糊表面平整，随即用平底方盘托住慕斯模，放入冰箱冷冻 2 小时。

5 将冷冻好的慕斯从冰箱中取出后脱模，用刀切块并在表面撒上黑巧克力碎，放上草莓进行装饰即可。

戚风蛋糕

烤箱中层，上火 160℃、下火 130℃　45 分钟　2 人份

工具

烤箱 1 台
不锈钢盆 1 个
电动搅拌器 1 个
长柄刮板 1 个
蛋糕模具 1 个

原料

戚风蛋糕预拌粉 250 克
鸡蛋 5 个
水 50 毫升
植物油 50 毫升

制作过程：

1　往备好的盆中加入戚风蛋糕预拌粉、水，打入鸡蛋，用电动搅拌器搅拌均匀制作成稠状面糊。

2　再倒入植物油继续搅拌均匀。

3　将搅拌好的面糊用长柄刮板倒入蛋糕模具中，在桌面轻敲几下，排出气泡使其表面光滑。

4　将电烤箱提前预热片刻，再将蛋糕模具放入烤箱中，烤制 45 分钟。

5　取出烤好的蛋糕，脱模后摆放在盘中即可。

1

2

3

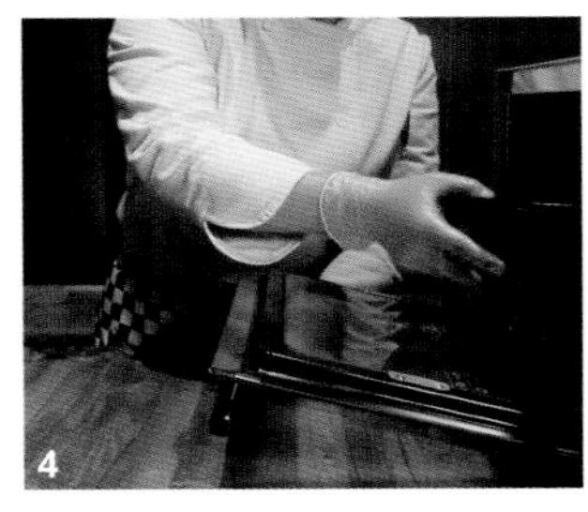
4

5

制作此款蛋糕的时候，一定要使用无味的植物油，不可以使用花生油这类味道重的油，否则油脂的特殊味道会破坏戚风清淡的口感。

方块巧克力糕

烤箱中层，上火 160℃、下火 130℃　45 分钟　2 人份

工具

烤箱 1 台
不锈钢盆 3 个
电动搅拌器 1 个
裱花袋 1 个
蛋糕模具 1 个
齿形面包刀 1 把
油纸 1 张
烤架 1 个
面包板 1 个

原料

戚风蛋糕预拌粉 250 克
鸡蛋 5 个
水 50 毫升
植物油 50 毫升
白巧克力 100 克
椰蓉 100 克

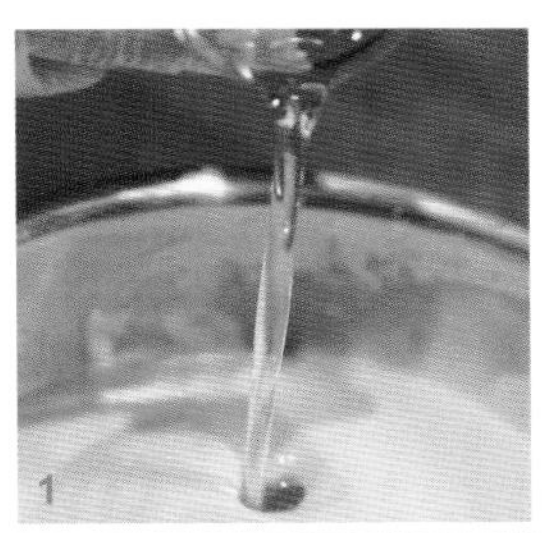

制作过程：

1. 往空盆中加入戚风蛋糕预拌粉、水、鸡蛋，用电动搅拌器将其打发至稠状，再倒入植物油搅拌均匀。

2. 将拌好的面糊倒入备好的蛋糕模具里面，提前预热电烤箱片刻，再将蛋糕模具放入烤箱中，烤制45~50分钟。

3. 打开烤箱门，取出烤好的蛋糕，去掉模具，将蛋糕用刀切成大小相当的小方块，切去焦黄的那一面。

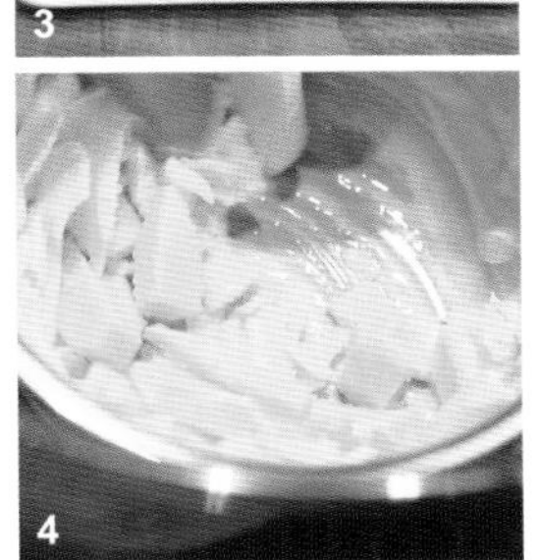

4. 将白巧克力用刀切成小块，备好水将其加热，放入白巧克力块隔水融化。

5. 桌子上铺上油纸，放一个烤架，把蛋糕均匀地摆放在烤架上；将融化的白巧克力倒入裱花袋中，挤在蛋糕上，再撒上少许椰蓉；将蛋糕摆放在面包板上，待巧克力冷却后即可食用。

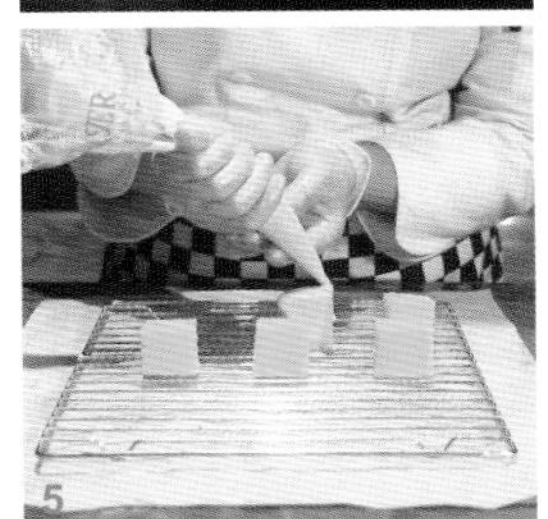

将面糊倒入模具后，一定要让其充实，将其中的气泡排出来，否则，烤出来的蛋糕质地不均匀。

布朗尼蛋糕

烤箱中层，上火 140℃、下火 160℃　35 分钟　2 人份

工具

齿形面包刀 1 把
搅拌器 1 个
不锈钢盆 3 个
长柄刮板 1 个
油纸 1 张
蛋糕模具 1 个
烤箱 1 台

原料

布朗尼蛋糕预拌粉 210 克
白砂糖 210 克
鸡蛋 4 个
黄油 160 克
核桃仁 75 克
黑巧克力 150 克

制作过程：

1 将黑巧克力用刀切碎，用盆装好后放入备好的热水中，隔热水融化。

2 备好一个铺有油纸的烤盘，将核桃仁放入其中；预热烤箱，将核桃仁放入其中，以上下火 160℃烤制 5 分钟，取出烤好的核桃仁待用。

3 将白砂糖倒入备好的盆中，加入黄油用搅拌器充分搅拌均匀，分 4 次打入 4 个鸡蛋，每打入 1 个鸡蛋充分搅拌均匀后再打入下一个。

4 加入布朗尼蛋糕预拌粉，搅拌均匀，用长柄刮板将融化好的黑巧克力加入盆中，放入烤好的核桃仁搅拌均匀，再倒入蛋糕模具中，轻敲几下，将里面的气泡排出。

5 将蛋糕模具放入预热好的烤箱中烤 35 分钟，取出脱模即可。

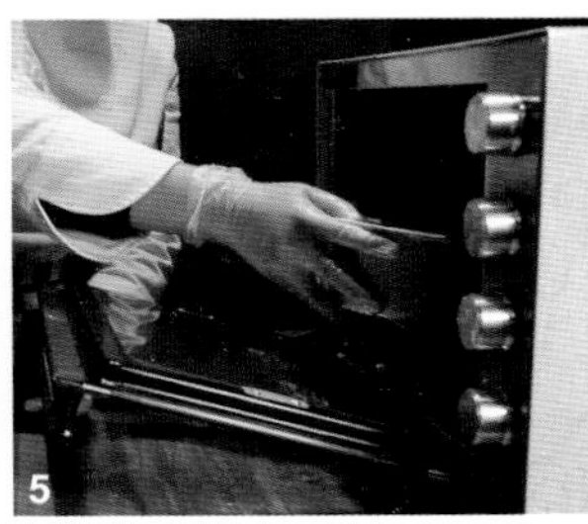

1. 蛋糕在烤的过程中受热膨胀，会比模具稍高，但出炉后会回落，此为正常现象。
2. 核桃仁事先用烤箱烘焙一会儿，烤出香味后冷却再用，会更香。

心太软蛋糕

烤箱中层，上火 140℃、下火 160℃　20 分钟　2 人份

工具

- 烤箱 1 台
- 齿形面包刀 1 把
- 不锈钢盆 3 个
- 搅拌器 1 个
- 裱花袋 1 个
- 长柄刮板 1 个
- 蛋糕杯若干个
- 油纸 1 张

原料

- 布朗尼蛋糕预拌粉 210 克
- 白砂糖 210 克
- 鸡蛋 4 个
- 黄油 160 克
- 核桃仁 75 克
- 黑巧克力 150 克

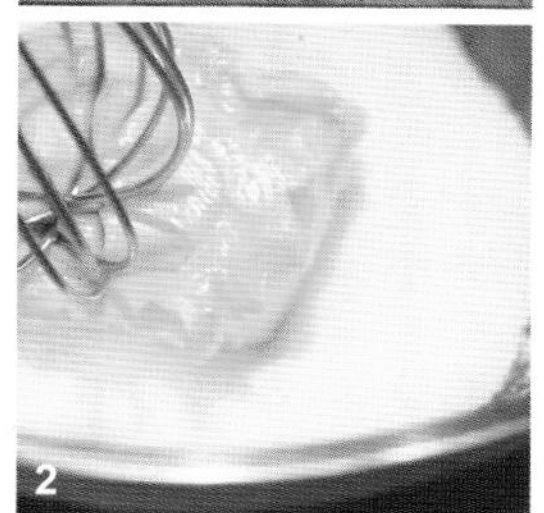

制作过程：

1 在桌面铺一张油纸，将黑巧克力用刀切碎，留少许巧克力碎备用，其余放入可导热的盆中，隔热水融化。

2 将核桃仁放入烤盘中，烤 3~5 分钟；将白砂糖倒入空盆中，加入黄油，用搅拌器搅拌均匀，分 2 次打入 4 个鸡蛋，分别搅拌均匀。

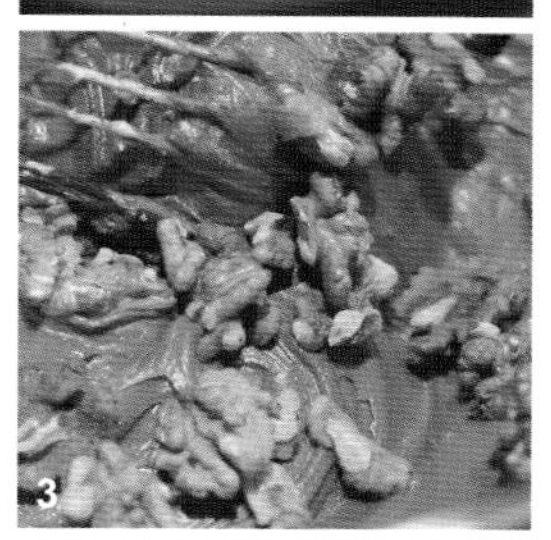

3 倒入布朗尼蛋糕预拌粉，搅拌均匀，再倒入融好的巧克力，放入烤好的核桃仁搅拌均匀。

4 将面糊用长柄刮刀装入裱花袋，再挤入蛋糕杯中，第 1 次挤 1/3 的面糊，放入少许巧克力碎，再挤 1/3 的面糊。

5 将蛋糕杯在桌面轻敲几下使表面平整，放入烤盘，再将烤盘放入烤箱，烤制 20 分钟，取出烤好的蛋糕即可。

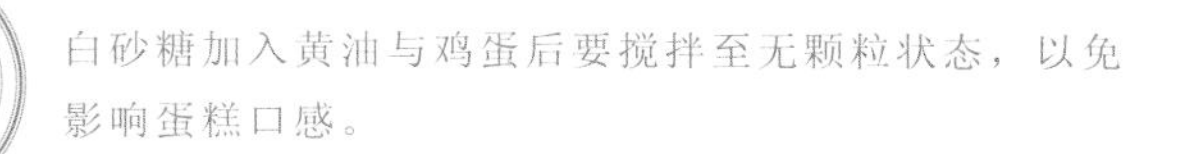
白砂糖加入黄油与鸡蛋后要搅拌至无颗粒状态，以免影响蛋糕口感。

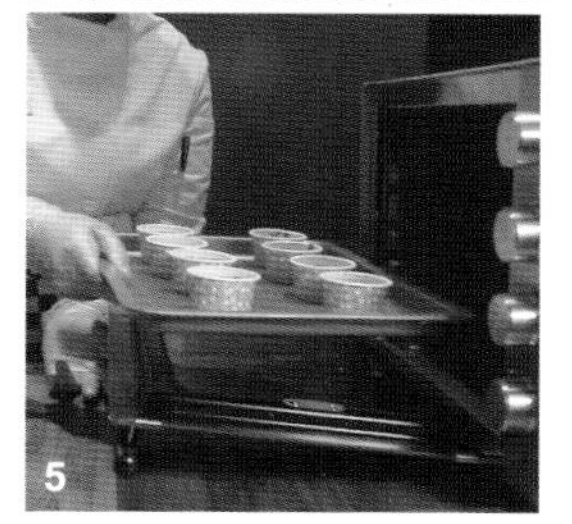

Part 4

5步速成 面包君的温暖正能量

烘焙，极其生动的两个字，充满力量，蕴含温暖，无比浓郁的芬芳从内心滋生出来，蔓延开去，就如同冬日宁静的午后，取出一炉心爱的面包，顿时飘香万里……

在制作面包的时候，当面团在手中变得越来越光滑和完美时，整个人仿佛也已与它融为一体。面包，似乎真有这样的一种能量，让你徜徉在温馨的氛围里，感受心灵的祥和与家庭式的温暖，从而纾解身心的疲劳。

杂粮面包

烤箱中层，上下火 170℃　25 分钟　3 人份

工具

面包机 1 台
烤箱 1 台
筛子 1 个
刮板 1 个
砧板 1 个

原料

杂粮面包预拌粉 350 克
鸡蛋 1 个
牛奶 150 毫升
黄油 28 克
面粉少许

制作过程：

1. 在面包机中加入预拌粉、酵母（附在预拌粉盒中）、鸡蛋、牛奶、黄油。
2. 按下面包机的启动开关，开始揉面；在砧板上撒少许面粉，用刮板把揉好的面团平均分成 2 份，整成橄榄形。
3. 把面团放在烤盘上，再放入烤箱中发酵 40 分钟。
4. 取出发酵好的面团，用筛子过筛一些面粉洒在面团上面。
5. 烤箱预热，放入面团烘烤 25 分钟，取出烤好的面包，切成厚片即可。

高纤维面包

烤箱中层，上下火 170℃　25 分钟　3 人份

工具

面包机 1 台
烤箱 1 台
吐司模具
刮板 1 个
砧板 1 个
刀 1 把
擀面杖 1 根

原料

高纤维面包预拌粉 350 克
牛奶 150 毫升
鸡蛋 1 个
黄油 28 克
干酵母 5 克
面粉少许

制作过程：

1. 将预拌粉、干酵母、牛奶、鸡蛋、黄油加入面包机中，按下启动键进行和面。
2. 把和好的面团从面包机中取出，放在砧板上，撒少许面粉，再用刮板将面团平均分成 2 份。
3. 用擀面杖把两份面团擀成面饼，用手卷起来，放入吐司模具中，发酵 40 分钟。
4. 把烤箱预热，烤制 25 分钟。
5. 将烤好的面包从烤箱中取出，脱模后用刀切片即可。

意大利培根披萨

烤箱中层，上火 170℃、下火 150℃ 12 分钟 2 人份

工具

烤箱 1 台
面包机 1 台
披萨盘 1 个
刮板 1 个
裱花袋 1 个
砧板 1 个
擀面杖 1 根

原料

多功能面包预拌粉 250 克
鸡蛋 1 个
牛奶 100 毫升
黄油 20 克
白砂糖 50 克
食盐 2.5 克
酵母粉 3 克
培根若干片
彩椒 50 克
番茄酱少许
沙拉酱少许
马苏里拉芝士适量

制作过程：

1 在面包机中依次放入面包预拌粉、鸡蛋、白砂糖、黄油、牛奶、食盐、酵母粉，充分搅拌成具有扩张性的面团后取出。

2 揉好的面团放在砧板上，用刮板取 1/3 的面团，擀成长面饼，然后放入披萨盘中整形，放置常温中发酵 20 分钟。

3 番茄酱装入裱花袋并挤在发酵好的面饼上，依次铺一层马苏里拉芝士、彩椒、培根，再挤上番茄酱。

4 放一层马苏里拉芝士，挤一层沙拉酱，最后再放一层马苏里拉芝士。

5 放入预热好的烤箱烤制 12 分钟，取出烤好的披萨即可。

1

2

3

4

5

培根汉堡包

汉堡包是西方历史上传播速度最快、对东方食物文化影响最大的快餐。一次蔬菜、面包和肉的旅行，事关整个西方世界的头号事件。一经发现，便震惊面包界，由德意志传到美利坚，遍及全球。一路上可谓遇山开山，遇水过水，所行之处，无不望风披靡。

我们祖先用茶叶征服了西方，西方人又用汉堡包征服了我们。汉堡包的发明时间其实并不长，几十年的历史在食物中算短的。但是，你却无法忽略它的影响，尤其对于美食界而言。

金黄色的汉堡，带着如同漫天星光般的芝麻粒，有着渐变的美丽。如同梦幻中的星空，灿烂而又温暖，看上去就觉得有安全感。红白的培根与绿色生菜，宛若刚摘下来的花瓣，美得令人垂涎，无论色彩和造型，培根汉堡包都很讨人欢喜。

无论雨后初晴的早晨，慵懒的午后，悠闲的下午，都难拒绝。带着熏肉的咸香与生菜的清香，在口中融化开来，那种感觉，就像是一缕阳光，穿透树林，洒下温暖的光线，洒落在身上，那样的层次分明，那样的温暖心扉，若吃得急，便很难感觉到这份心情。

还是一直在外面吃吗？不妨自己做一个，味道比买的更好哦。

烤箱中层，上火 170℃、下火 150℃　12 分钟　2 人份

工具

刀 1 把
刮板 1 个
烤箱 1 台
面包机 1 台
砧板 1 个

原料

多功能面包预拌粉 250 克
鸡蛋 1 个
牛奶 100 毫升
黄油 20 克
白砂糖 50 克
食盐 2.5 克
酵母粉 3 克
培根若干片
西红柿 1 个
白芝麻少许
生菜少许
沙拉酱少许

制作过程：

1　将面包预拌粉、鸡蛋、白砂糖、黄油、牛奶、食盐、酵母粉依次放入面包机，将其充分搅拌成具有扩张性的面团后取出，揉好放在砧板上，用刮板把它们分成大约 60 克的小面团。

2　将小面团逐一揉圆，将面团上沾满白芝麻后放在烤盘上，放入烤箱中发酵 40 分钟至 2 小时，把发酵好的面团放入烤箱，烤制 10~12 分钟，烤完后取出烤盘。

3　将培根放入烤箱烤制 2~3 分钟，在烤好的面包一侧用刀切一个口，挤入沙拉酱。

4　放入少许生菜、西红柿、培根，再挤上少许的沙拉酱即可。

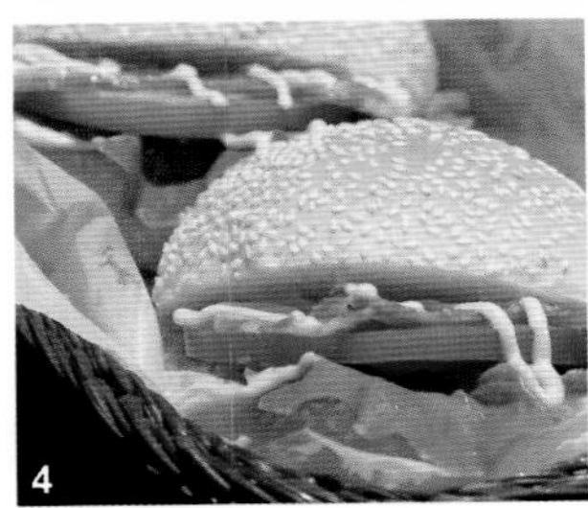

培根也可干煎，味道会更好。

椰子餐包

对于很多烘焙新手来说，餐包无疑是其起步阶段练习烘焙的最佳选择。无需复杂的整形，椰子餐包就用它那简单的外形，包裹着一份最纯洁的爱来到你面前，椰香浓郁，餐包松软，最重要的是爱意浓浓，带给你无限回味。

俗话说，一个椰子一两参。雪白的椰肉，味道香甜，营养丰富。椰子水是热带的上等饮料，椰子壳可做椰雕，椰棕可用来做麻绳，而椰根可治痢疾……由此可见，椰子树真是浑身是宝，难怪海南名人丘浚在《南溟奇甸赋》中称椰子“一物而十用其宜”。

松软的餐包带着椰果的清香，在舌尖上跳动，在胃肠中流淌，为生活忙碌的人们带来一阵轻松，一刻安逸。

它就像轻舞的蝴蝶在舌尖上自由地飞动，温柔地按摩舌上的每一寸肌肤，将椰果的清甜和餐包浓郁的奶香渗入每一个味蕾，丝滑香甜，韵味不绝，给人带来无限的遐想，这就是椰子餐包。

烤箱中层，上火 170℃、下火 150℃　12 分钟　2 人份

工具

刮板 1 个
刷子 1 把
烤箱 1 台
面包机 1 台
砧板 1 个

原料

多功能面包预拌粉 250 克
鸡蛋 2 个
牛奶 100 毫升
黄油 20 克
白砂糖 50 克
食盐 2.5 克
酵母粉 3 克
椰丝 50 克

制作过程：

1 将预拌粉、鸡蛋、白砂糖、黄油、牛奶、食盐、酵母粉放入面包机，按下启动键进行和面。

2 将和好的面团放在砧板上，用刮板把它们分成若干个小面团，揉圆后放在烤盘上，放入烤箱中发酵 40 分钟至 2 小时。

3 在发酵好的面团上面用刷子刷一层蛋液，把椰丝放在上面。

4 把烤盘放入烤箱，烤制 12 分钟。

5 将烤好的面包取出即可。

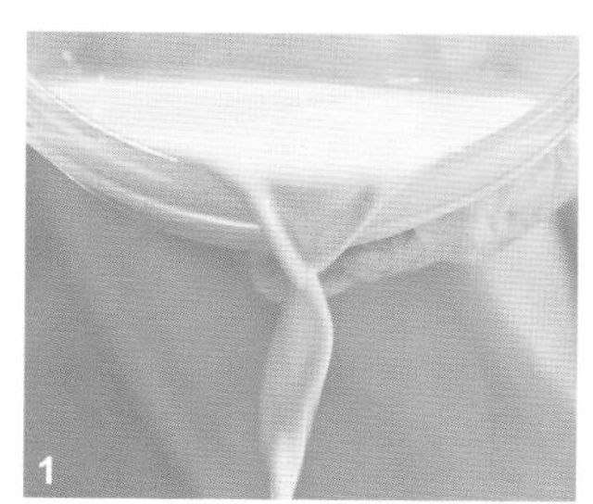
1

2

3

4

5

若喜欢椰香味，在和面时可适量加入些许椰子汁。

小餐包

烤箱中层，上下火 160℃　12 分钟　2 人份

工具

刀 1 把
刷子 1 把
刮板 1 个
砧板 1 个
烤箱 1 台
面包机 1 台

原料

多功能面包预拌粉 250 克
鸡蛋 2 个
牛奶 100 毫升
黄油 20 克
白砂糖 50 克
食盐 2.5 克
酵母粉 3 克

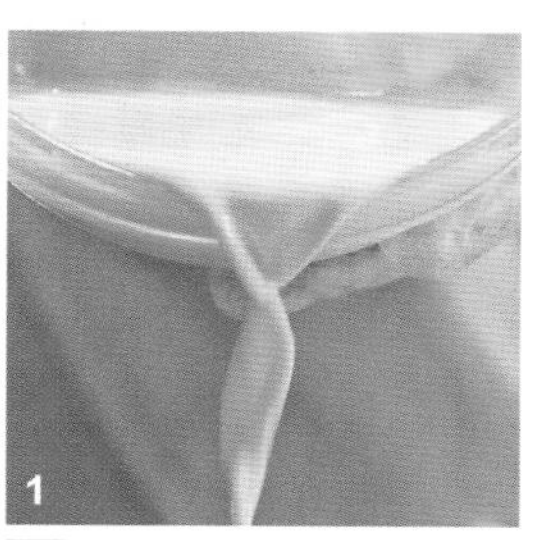

制作过程：

1 将预拌粉、鸡蛋、白砂糖、黄油、牛奶、食盐、酵母粉放入面包机中，按下启动键进行和面。

2 将和好的面团放在砧板上，用刮板分割成若干个小面团，把小面团揉圆。

3 用抹刀将黄油抹在面团上，并包好揉圆，放在烤盘上，将烤盘放入烤箱中发酵 40 分钟至 2 小时。

4 在发酵好的面团上面用刷子刷一层蛋液，将刷好的面团放入烤箱中，烤制 12 分钟。

5 将烤好的小餐包取出，摆放在盘中即可。

红豆小餐包

烤箱中层，上火 170℃、下火 150℃　12 分钟　2 人份

工具

刷子 1 把
烤箱 1 台
面包机 1 台
砧板 1 个

原料

多功能面包预拌粉 250 克
鸡蛋 2 个
牛奶 100 毫升
黄油 20 克
白砂糖 50 克
食盐 2.5 克
酵母粉 3 克
红豆粒 50 克

制作过程：

1. 在面包机中依次放入多功能面包预拌粉、鸡蛋、白砂糖、黄油、牛奶、食盐、酵母粉，搅拌成面团。

2. 将搅好的面团放在砧板上，把它们分成大约 60 克的小面团，再把每个面团平均分成两份揉圆，放在烤盘上。

3. 放入烤箱中发酵 40 分钟至 2 小时。

4. 在发酵好的面团上面用刷子刷一层蛋液，把红豆粒放在上面；最后放入烤箱，烤制 12 分钟即可。

培根小餐包

烤箱中层，上火 170℃、下火 150℃　12 分钟　2 人份

工具

刀 1 把
刷子 1 把
烤箱 1 台
面包机 1 台
砧板 1 个

原料

多功能面包预拌粉 250 克
鸡蛋 2 个
牛奶 100 毫升
黄油 20 克
白砂糖 50 克
食盐 2.5 克
酵母粉 3 克
培根 100 克

制作过程：

1 将预拌粉、鸡蛋、白砂糖、黄油、牛奶、食盐、酵母粉放入面包机，按下启动键进行和面。

2 将和好的面团放在砧板上，把它们分成若干个小面团，揉圆后放入烤箱中发酵 40 分钟至 2 小时。

3 在发酵好的面团上用刷子刷一层蛋液，放入烤箱，烤制 12 分钟后拿出。

4 将培根铺在烤盘上，烤制 5 分钟后拿出。

5 用刀在餐包的侧面切一个口，把烤好的培根放进去，将夹好培根的小餐包放入盘中即可食用。

白吐司

烤箱中层，上下火 170℃　36 分钟　2 人份

工具

面包机 1 台
烤箱 1 台
吐司模具 1 个
砧板 1 个
擀面杖 1 根

原料

多功能面包预拌粉 250 克
鸡蛋 1 个
牛奶 100 毫升
黄油 20 克
白砂糖 50 克
盐 2.5 克
酵母粉 3 克

制作过程：

1. 往面包机中依次放入面包预拌粉、鸡蛋、白砂糖、黄油、牛奶、盐、酵母粉，将其充分搅拌成具有扩张性的面团后取出。

2. 把和好的面团放在砧板上，平均分成 4 份，分别用擀面杖擀成面饼后卷起来。

3. 将卷好的面团再次擀成长方形面饼并卷起来，把卷好后的面团平行放入吐司模具中，盖上盖子，常温下发酵 1.5~2 小时。

4. 将烤箱预热，盖上模具盖子，放入烤箱烤制 36 分钟。

5. 吐司烤好后，脱模、切片即可。

椰丝吐司

烤箱中层，上下火 170℃　36 分钟　3 人份

工具

面包机 1 台
烤箱 1 台
吐司模具 1 个
砧板 1 个
擀面杖 1 根
刷子 1 把
刀 1 把

原料

多功能面包预拌粉 250 克
鸡蛋 1 个
牛奶 100 毫升
黄油 20 克
白砂糖 50 克
盐 2.5 克
酵母粉 3 克
椰丝 25 克

制作过程：

1. 往面包机中倒入多功能面包预拌粉，打入鸡蛋，倒入白砂糖、黄油、牛奶、盐、酵母粉，按下面包机启动开关，开始和面。
2. 将和好的面团放在砧板上，用擀面杖擀成长面饼，在面饼上铺一层椰丝，然后卷起来。
3. 将椰丝面团放入吐司模具中，盖上模具盖子，常温下发酵 1.5~2 小时。
4. 面团发酵好后在其表面用刷子刷一层鸡蛋液，用刀在表面斜着划几道。
5. 将烤箱预热，不盖模具盖子，放入烤箱烤制 36 分钟，取出烤好的吐司，切片即可食用。

提子吐司

烤箱中层，上下火 170℃　36 分钟　2 人份

工具

面包机 1 台
烤箱 1 台
吐司模具 1 个
砧板 1 个
刀 1 把
刷子 1 把
擀面杖 1 根

原料

多功能面包预拌粉 250 克
鸡蛋 1 个
牛奶 100 毫升
黄油 20 克
白砂糖 50 克
盐 2.5 克
酵母粉 3 克
提子干 5 克
杏仁片少许

制作过程：

1 往面包机中倒入多功能面包预拌粉，打入鸡蛋，倒入白砂糖、黄油、牛奶、盐、酵母粉，按下面包机启动开关，开始和面。

2 把和好的面团放在砧板上，用擀面杖擀成长面饼。

3 在面饼上铺一层提子干，然后卷起来，放入吐司模具中，常温下发酵 1.5~2 小时。

4 在发酵好的面团上用刷子刷一层蛋液，再用刀斜着划几道，放少许杏仁片，不盖盖子，将模具放入预热好的烤箱中，烤制 36 分钟。

5 取出烤好的吐司，切成厚片即可。

1

2

3

4

5

面团揉到用手轻扯不会断就可以了，发酵时体积膨胀到原体积的 2 ~ 3 倍即为成功；放入烤箱烤制时模具不要盖盖子。

高纤吐司

烤箱中层，上下火 170℃ 36 分钟 3 人份

工具

面包机 1 台
烤箱 1 台
吐司模具 1 个
砧板 1 个
擀面杖 1 根
刀片 1 把

原料

高纤面包预拌粉 350 克
酵母粉 3 克
牛奶 150 毫升
鸡蛋 1 个
黄油 28 克

制作过程：

1. 往面包机中依次倒入面包预拌粉、酵母粉、鸡蛋、牛奶、黄油，将其充分搅拌成具有扩张性的面团后取出。

2. 把搅好的面团放在砧板上，用擀面杖擀成长形面饼，卷起来。

3. 将卷好的面饼放在吐司模具中，盖上模具盒盖，在室温下发酵 1.5~2 小时。

4. 在发酵好的面团上用刷子刷一层鸡蛋液，用刀片斜着划几道。

5. 预热烤箱，将模具放入烤箱，烤制 36 分钟，烤好后将吐司取出脱模即可。

蛋液不宜刷得太厚，以免影响口感。

杂粮吐司

烤箱中层，上下火 170℃　36 分钟　3 人份

工具

面包机 1 台
烤箱 1 台
吐司模具 1 个
砧板 1 个
刷子 1 把
刀 1 把
擀面杖 1 根

原料

杂粮面包预拌粉 350 克
鸡蛋 1 个
牛奶 150 毫升
黄油 28 克
酵母粉 3 克

制作过程：

1 往面包机中依次倒入杂粮面包预拌粉、酵母粉、鸡蛋、牛奶、黄油，按下面包机启动开关，开始和面。

2 把和好的面团放在砧板上，平均分成 2 份，将每 1 份再次平均分成 2 份，用擀面杖分别擀成长形面饼，卷起来。

3 将面饼卷平行摆放在吐司模具中，盖上模具盒盖，在室温下发酵 1.5~2 小时。

4 在发酵好的面团表面用刷子刷一层蛋液，将烤箱预热，然后把面团放入烤箱烤制 36 分钟。

5 把烤好的吐司用刀切片即可食用。

如何确认面团发酵是否成功呢？待发酵完后面团的体积膨胀至原来的 2 ～ 3 倍，就算成功了。

软欧吐司

烤箱中层，上下火 170℃　36 分钟　3 人份

工具

面包机 1 台
烤箱 1 台
吐司模具 1 个
砧板 1 个
擀面杖 1 根
刀 1 把

原料

软欧面包预拌粉 350 克
酵母粉 3 克
牛奶 140 毫升
鸡蛋 1 个
黄油 28 克

制作过程：

1 往面包机中再依次倒入软欧面包预拌粉、鸡蛋、牛奶，加入酵母粉，再将黄油倒入面包机，按下面包机启动开关，开始和面。

2 把和好的面团放在砧板上，平均分成 4 份，分别用擀面杖擀成长形面饼，再卷起来。

3 把面饼卷平行摆放在吐司模具中，盖上模具盒盖，在室温下发酵 1.5~2 小时。

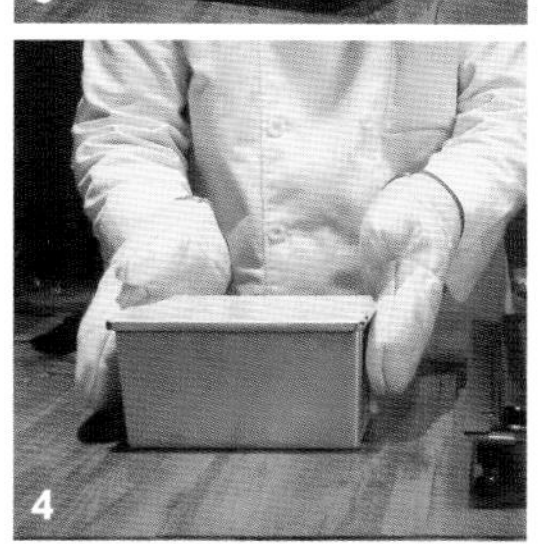

4 将烤箱预热，把发酵好的面饼卷放入烤箱烤制 36 分钟。

5 取出烤好的吐司，用刀切片即可食用。

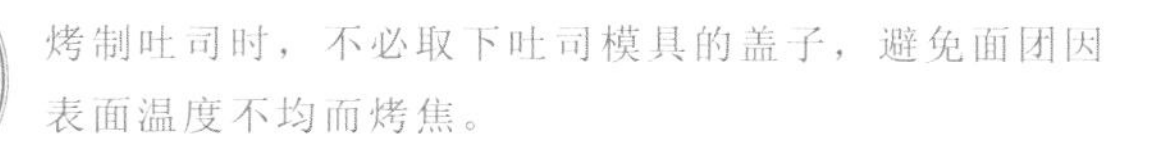
烤制吐司时，不必取下吐司模具的盖子，避免面团因表面温度不均而烤焦。

蓝莓吐司

烤箱中层，上下火 170℃　36 分钟　2 人份

工具

面包机 1 台
烤箱 1 台
吐司模具 1 个
砧板 1 个
擀面杖 1 根
奶油抹刀 1 把

原料

多功能面包预拌粉 250 克
鸡蛋 1 个
牛奶 100 毫升
黄油 20 克
白砂糖 50 克
盐 2.5 克
酵母粉 3 克
蓝莓果酱 20 克

制作过程：

1 在面包机中依次放入多功能面包预拌粉、鸡蛋、白砂糖、黄油、牛奶、盐、酵母粉。

2 按下开关，将其充分搅拌成具有扩张性的面团后取出。

3 将面团放在砧板上，用擀面杖擀成长形面饼，再用奶油抹刀涂上一层蓝莓果酱，并将其卷起来。

4 把面团放入吐司模具中，盖上盖子，常温下发酵 1.5~2 小时。

5 将烤箱预热，模具盖上盖子后放入烤箱，烤制 36 分钟，吐司烤好后脱模、切片即可。

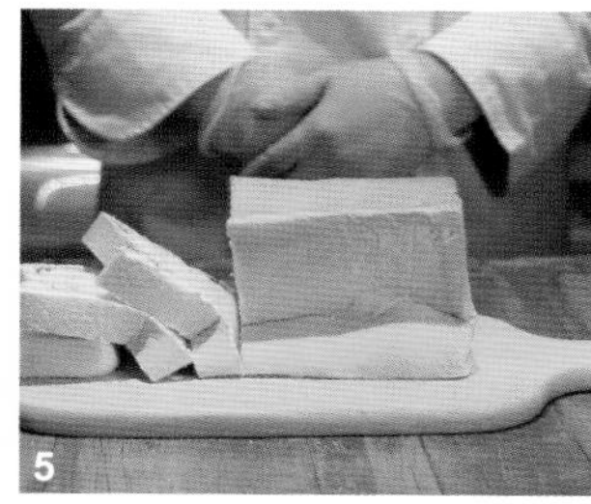

喜欢酸甜口味的，可以多刷一点果酱，味道会更好。

肉松吐司

烤箱中层，上下火 170℃　36 分钟　2 人份

工具

面包机 1 台
烤箱 1 台
吐司模具 1 个
砧板 1 个
擀面杖 1 根

原料

多功能面包预拌粉 250 克
鸡蛋 1 个
牛奶 100 毫升
黄油 20 克
白砂糖 50 克
盐 2.5 克
酵母粉 3 克
肉松 30 克

制作过程：

1. 面包机中依次放入多功能面包预拌粉、鸡蛋、白砂糖、黄油、牛奶、盐、酵母粉，将其充分搅拌成具有扩张性的面团后取出。

2. 把和好的面放在砧板上，用擀面杖擀成长面饼，在面饼上铺一层肉松，然后卷起来。

3. 把面团放入吐司模具中，盖上盖子，常温下发酵 1.5~2 小时。

4. 往发酵好的面团表面刷一层鸡蛋液，再铺一层肉松。

5. 预热烤箱，模具不盖盖子放入烤箱，烤制 36 分钟，烤完后取出面包，脱模即可。

面皮不要擀得太薄，以免卷起时面皮破裂。

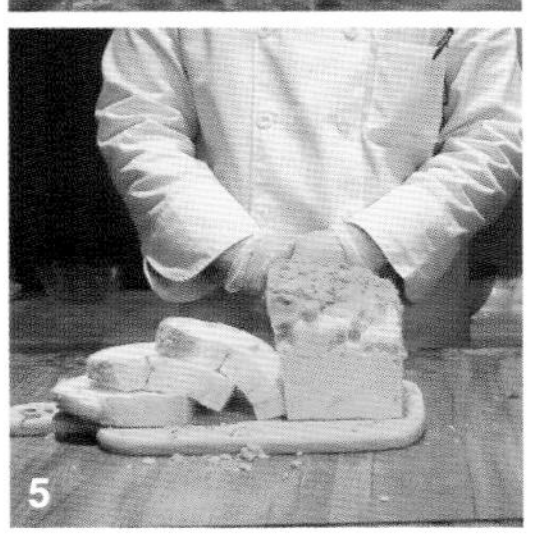

红豆吐司

说不完的红豆，述不尽的相思。

说到红豆，很自然地便会想起王维的那首诗："红豆生南国，春来发几枝。愿君多采撷，此物最相思。"漫想红豆的情怀，不由得回味吐司的过往。

吐司，英文是"Toast"。相传 1491 年的法国国王，无意中发觉放了奶酪的烤面包片很美味，觉得这简直比黄金更有价值，便用了女儿的名字为其命名，国王女儿的名字就是 Toast。

吐司面包，从西方流传到东方，在舌尖开启一段全新的旅行。

吐司与面包有什么区别？吐司生为面包的一份子，它和面包最明显的区别就是形状与吃法。吐司形状比较规则和单一，大抵都是长方体烤熟切片，通常烤着吃；而面包的形状丰富多变，什么形状的都有，不切，直接吃，不用烤。

无论你是否喜欢红豆，无论你是否喜欢吐司，都能从这款"红豆吐司"里品尝出中西两种文化的不同味道。

烤箱中层，上下火 170℃　36 分钟　2 人份

工具

面包机 1 台
烤箱 1 台
吐司模具 1 个
砧板 1 个
刀 1 把
擀面杖 1 根

原料

多功能面包预拌粉 250 克
鸡蛋 1 个
牛奶 100 毫升
黄油 20 克
白砂糖 50 克
盐 2.5 克
酵母粉 3 克
红豆粒 50 克

制作过程：

1 往面包机中倒入多功能面包预拌粉，打入鸡蛋，倒入白砂糖、黄油、牛奶、盐、酵母粉。

2 按下面包机启动开关，开始和面，和好之后将面团放在砧板上，用擀面杖擀成长面饼。

3 在面饼上铺一层红豆粒，卷起来放入吐司模具中，盖上盖子，常温下发酵 1.5~2 小时。

4 盖上模具盖子，放入预热好的烤箱烤制 36 分钟。

5 将烤好的吐司取出，用刀切成厚片即可。

1

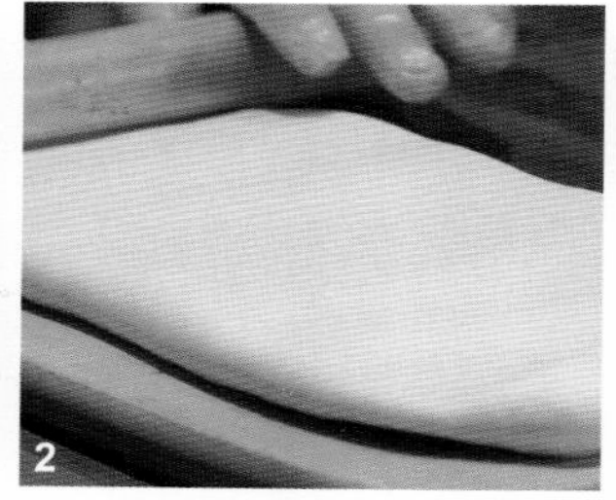
2

3

4

5

烘焙点睛

常温下发酵时，体积膨胀到原体积的 2 ～ 3 倍即为发酵成功。

核桃面包

世界上的面包千千万，而有人却独爱那一款，英国女王的最爱则是一种名为核桃面包的天然面包。

不知是因为外表太过于实在，或者颜色比较硬朗的缘由，还是因为添加了核桃的原因，核桃面包给人的最强烈的感觉就是朴素、看上去有点硬，但是有营养。

核桃一直被作为能补充脑力的最佳食品而存在，有“养人之宝”之美称。它外形圆圆的，个头大小不一。它像士兵一样也有盔甲，有着坚硬的外壳，里面就是果仁了，果仁的样子十分像大脑，外面还有一层黄黄的外皮，将核桃压碎放进面包里，则另有一番风味。

刚烤出来的核桃面包，带着小麦的香气，核桃仁与全麦的完美结合，美颜健脑。切下一片，层层断面尽是勾人食欲的香脆干果，一口咬下，核桃芳香明显浮现，核桃经烤制后，果肉已交融于柔韧的面包组织，浓郁香味逐渐渗透。若是再放入口中吃起来，则越嚼越香，越吃越爱。

午后，配上一杯热腾腾的牛奶咖啡，让你轻松感受自然简单的慢品情怀。虽然不如白面包松软，但那扎实的口感却给人一种踏实的满足感。

烤箱中层，上火 170℃、下火 150℃　12 分钟　2 人份

工具

刷子 1 把
烤箱 1 台
面包机 1 台
砧板 1 个
刮板 1 个
擀面杖 1 根

原料

多功能面包预拌粉 250 克
鸡蛋 2 个
牛奶 100 毫升
黄油 20 克
白砂糖 50 克
酵母粉 3 克
核桃仁 50 克
食盐 2.5 克

制作过程：

1 在面包机中依次放入多功能面包预拌粉、鸡蛋、白砂糖、黄油、牛奶、食盐、酵母粉，搅拌成面团后取出放在砧板上。

2 用刮板把它们分成大约 60 克的小面团，再平均分成两半后揉圆，用擀面杖擀成面饼。

3 在面饼上放一层核桃仁，卷起来， 放入烤箱中发酵 40 分钟至 2 小时。

4 在发酵好的面团上用刷子刷一层蛋液，往面团表面放些许核桃仁，放入烤箱，烤制 12 分钟即可。

1

2

3

4

可将核桃仁放入研磨机中打磨成小粒。

豆沙包

烤箱中层，上火 170℃、下火 150℃　12 分钟　2 人份

工具

刀 1 把
刷子 1 把
烤箱 1 台
面包机 1 台
砧板 1 个
刮板 1 个
擀面杖 1 根

原料

多功能面包预拌粉 250 克
鸡蛋 2 个
牛奶 100 毫升
黄油 20 克
白砂糖 50 克
酵母粉 3 克
豆沙泥 80 克
食盐 2.5 克

制作过程：

1. 面包机中依次放入多功能面包预拌粉、鸡蛋、白砂糖、黄油、牛奶、食盐、酵母粉，按下面包机启动开关，和成面团。

2. 把和好的面团放在砧板上，用刮板分成重约 60 克的小面团，用手揉圆，再取少许豆沙泥包裹在小面团内。

3. 用擀面杖将面团擀成长方形面饼，用刀在表面均匀划几道，再把面饼卷起。

4. 放入烤箱中发酵 40 分钟至 2 小时。

5. 在发酵好的面团上面用刷子刷一层蛋液，最后放入烤箱，烤制 12 分钟即可。

麦香芝士条

烤箱中层，上火 170℃、下火 150℃ 12 分钟 2 人份

工具

刷子 1 把
烤箱 1 台
面包机 1 台
刮板 1 个
砧板 1 个
擀面杖 1 根

原料

多功能面包预拌粉 250 克
鸡蛋 2 个
牛奶 100 毫升
黄油 20 克
白砂糖 50 克
食盐 2.5 克
酵母粉 3 克
芝士 15 克

制作过程：

1. 将预拌粉、鸡蛋、白砂糖、黄油、牛奶、食盐、酵母粉放入面包机，按下启动键，进行和面。
2. 把和好的面团放在砧板上，用刮板切分成若干个小面团揉圆，再用擀面杖擀成面饼。
3. 在面饼上放一层芝士，卷起来，搓成长圆柱，放入烤箱中发酵 40 分钟至 2 小时。
4. 发酵好后取出面团，在其表面用刷子刷一层蛋液，放少许芝士。
5. 再放入烤箱，烤制 12 分钟，将烤好的面包从烤箱中拿出即可。

肉松面包卷

烤箱中层，上火 170℃、下火 150℃　12 分钟　2 人份

工具

刷子 1 把
烤箱 1 台
面包机 1 台
刮板 1 个
砧板 1 个
擀面杖 1 根

原料

多功能面包预拌粉 250 克
鸡蛋 2 个
牛奶 100 毫升
黄油 20 克
白砂糖 50 克
食盐 2.5 克
酵母粉 3 克
肉松 80 克

制作过程：

1. 将预拌粉、鸡蛋、白砂糖、黄油、牛奶、食盐、酵母粉，放入面包机，按下启动键，进行和面。

2. 将和好的面团放在砧板上，用刮板分成若干个小面团，用手揉圆。

3. 将面团用擀面杖擀成面饼，铺上一层肉松，卷起来，放入烤箱中发酵 40 分钟至 2 小时。

4. 取出发酵好的面团，在其表面用刷子刷上一层蛋液，放上少许肉松。

5. 放入烤箱，烤制 12 分钟，取出烤好的肉松面包即可食用。

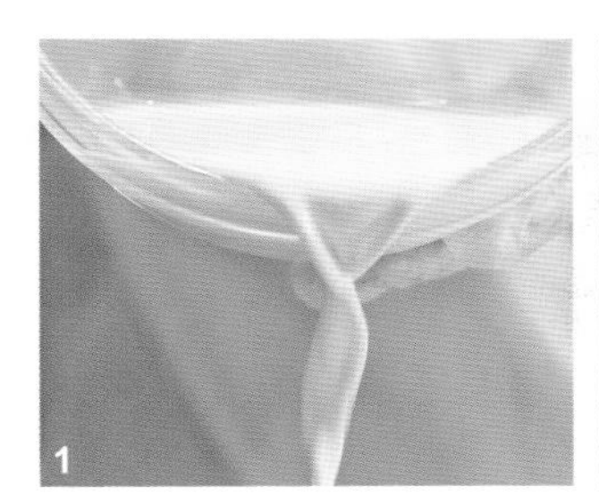

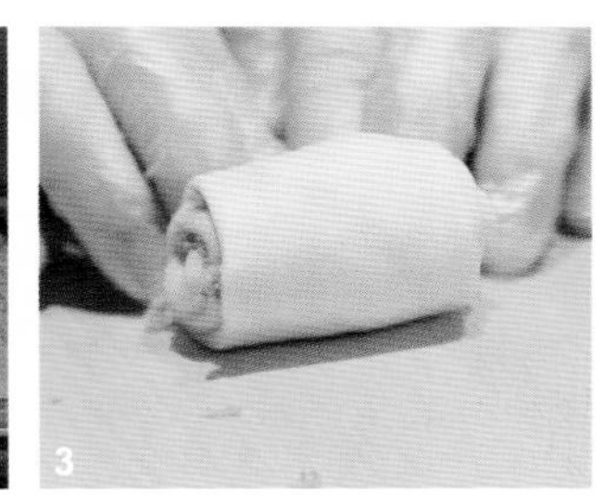

提子杏仁包

烤箱中层，上火 170℃、下火 150℃　12 分钟　2 人份

工具

刷子 1 把
烤箱 1 台
面包机 1 台
刮板 1 个
砧板 1 个
擀面杖 1 根

原料

多功能面包预拌粉 250 克
鸡蛋 2 个
牛奶 100 毫升
黄油 20 克
白砂糖 50 克
食盐 2.5 克
酵母粉 3 克
提子干 50 克
杏仁片 30 克

制作过程：

1 将多功能面包预拌粉、鸡蛋、白砂糖、黄油、牛奶、食盐、酵母粉放入面包机，按下启动键进行和面。

2 将和好的面团放在砧板上，用刮板分成若干个小面团，再将小面团平均分成三份，揉圆，用擀面杖擀成两端细长的面饼。

3 在面饼上铺一层提子干，卷成条，用三个面条编成麻花辫的样子，放入烤箱中发酵 40 分钟至 2 小时。

4 在发酵好的面团表面用刷子刷上一层蛋液，再铺上少许的杏仁片。

5 放入烤箱，烤制 12 分钟，取出烤好的面包即可食用。

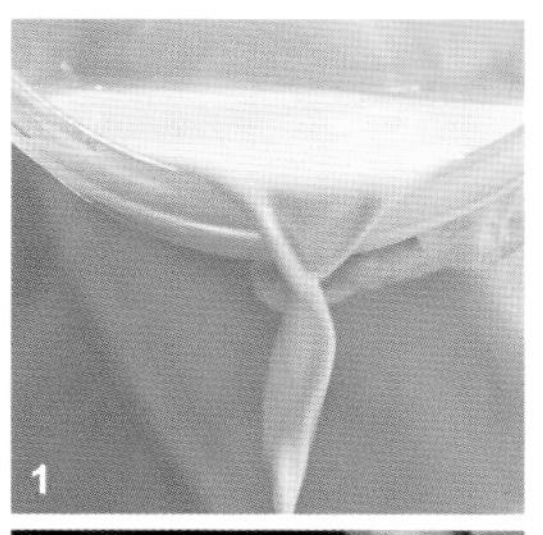
1

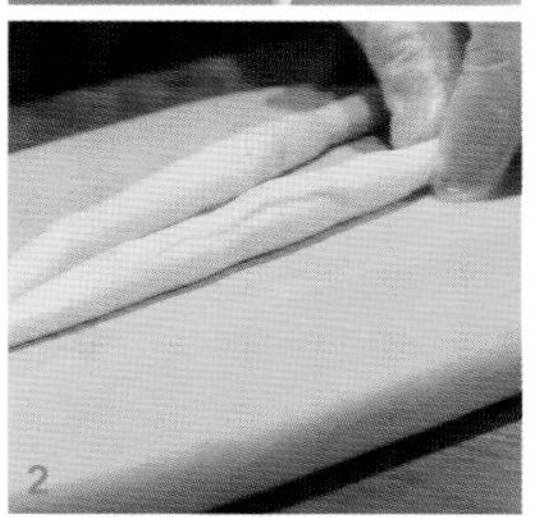
2

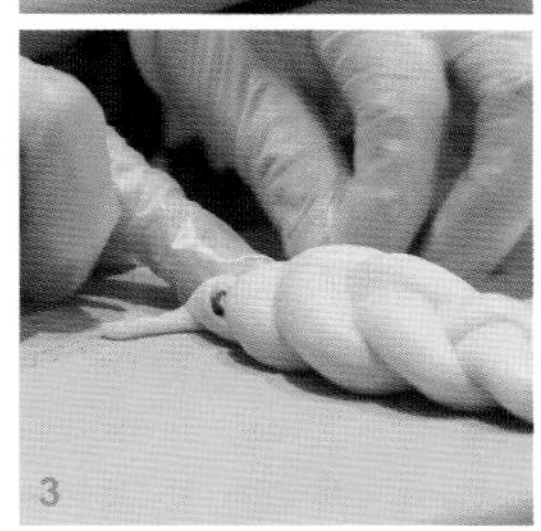
3

4

5

蓝莓包

烤箱中层，上火 170℃、下火 150℃　12 分钟　2 人份

工具

刀 1 把
刷子 1 把
烤箱 1 台
面包机 1 台
擀面杖 1 根
砧板 1 个
裱花袋 1 个

原料

多功能面包预拌粉 250 克
鸡蛋 2 个
牛奶 100 毫升
黄油 20 克
白砂糖 50 克
食盐 2.5 克
酵母粉 3 克
蓝莓果酱 50 克

制作过程：

1　面包机中依次放入多功能面包预拌粉、鸡蛋、白砂糖、黄油、牛奶、食盐、酵母粉，搅拌成面团后取出放在砧板上。

2　把它们平均分成重约 60 克的小面团后揉圆，再用擀面杖擀成面饼。

3　在面饼上涂一层蓝莓果酱，卷起来。

4　放入烤箱中发酵 40 分钟至 2 小时。

5　在发酵好的面团表面用刷子刷一层蛋液；把蓝莓果酱装入裱花袋，用刀在面团中间划一道口，挤入蓝莓果酱；放入烤箱，烤制 12 分钟即可。

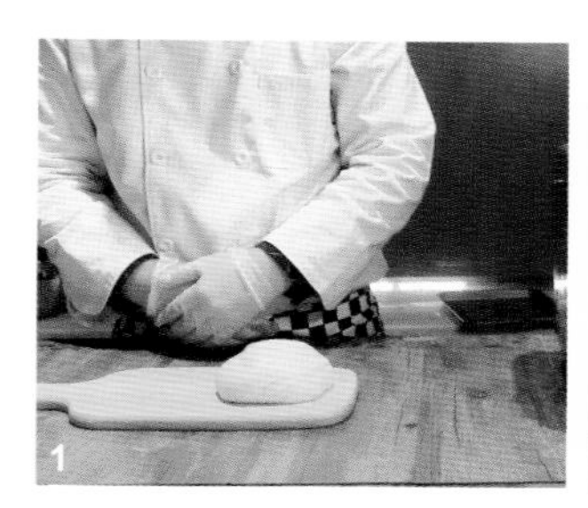

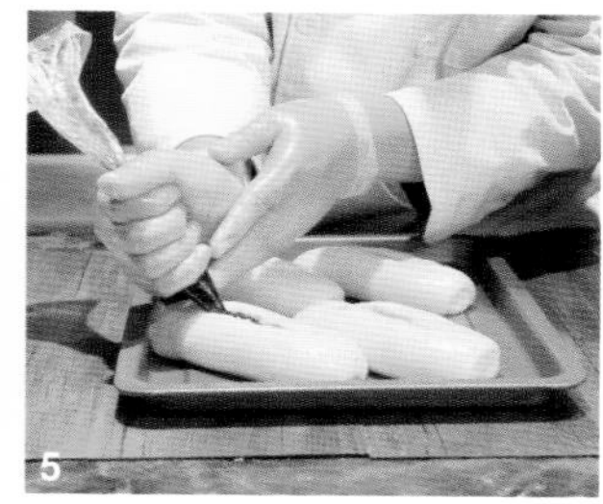

肠仔包

烤箱中层，上火 170℃、下火 150℃　12 分钟　2 人份

工具

刀 1 把
刷子 1 把
烤箱 1 台
面包机 1 台
刮板 1 个
砧板 1 个
擀面杖 1 根

原料

多功能面包预拌粉 250 克
鸡蛋 2 个
牛奶 100 毫升
黄油 20 克
白砂糖 50 克
酵母粉 3 克
香肠若干
食盐 2.5 克

制作过程：

1. 面包机中依次放入多功能面包预拌粉、鸡蛋、白砂糖、黄油、牛奶、食盐、酵母粉，搅拌成面团后取出放在砧板上。

2. 把它们用刮板分成重约 60 克的小面团后揉圆，用擀面杖擀成一端细长的面饼。

3. 面饼上放一根香肠，卷起来，并用刀在香肠的顶端划一个“十”字。

4. 放入烤箱中发酵 40 分钟至 2 小时。

5. 在发酵好的面团表面用刷子刷一层蛋液，放入烤箱，烤制 12 分钟即可。

牛角包

烤箱中层，上火 170℃、下火 150℃　12 分钟　2 人份

工具

刀 1 把
刷子 1 把
烤箱 1 台
面包机 1 台
砧板 1 个
擀面杖 1 根

原料

多功能面包预拌粉 250 克
鸡蛋 2 个
牛奶 100 毫升
黄油 20 克
白砂糖 50 克
食盐 2.5 克
酵母粉 3 克

制作过程：

1 将多功能面包预拌粉、鸡蛋、白砂糖、黄油、牛奶、食盐、酵母粉放入面包机，按下启动键进行和面。

2 将和好的面团放在砧板上，用刀切分成若干个小面团，用手揉圆。

3 把面团用擀面杖擀成面饼，卷起来整成牛角形，放入烤箱中发酵 40 分钟。

4 取出面团用刷子刷上一层蛋液，放入烤箱，烤制 12 分钟。

5 烤好的面包拿出即可。

肉松包

烤箱中层，上火 170℃、下火 150℃　12 分钟　2 人份

工具

刀 1 把
刷子 1 把
烤箱 1 台
面包机 1 台
砧板 1 个
擀面杖 1 根

原料

多功能面包预拌粉 250 克
鸡蛋 2 个
牛奶 100 毫升
黄油 20 克
白砂糖 50 克
食盐 2.5 克
酵母粉 3 克
肉松 80 克
沙拉酱少许

制作过程：

1 将多功能面包预拌粉、鸡蛋、白砂糖、黄油、牛奶、食盐、酵母粉放入面包机，按下启动键进行和面。

2 把和好的面团放在砧板上，用刀切分成若干个小面团揉圆。

3 把面团用擀面杖擀成面饼，卷起来整成橄榄形，放入烤箱中发酵 40 分钟。

4 取出面团用刷子刷上一层蛋液，放入烤箱，烤制 12 分钟。

5 在烤好的面包上挤上少许沙拉酱，铺上肉松即可食用。

奶油包

烤箱中层，上火 170℃、下火 150℃　12 分钟　2 人份

工具

刀 1 把
刷子 1 把
烤箱 1 台
面包机 1 台
裱花袋 1 个
砧板 1 个
刮板 1 个
擀面杖 1 根

原料

多功能面包预拌粉 250 克
鸡蛋 2 个
牛奶 100 毫升
黄油 20 克
白砂糖 50 克
食盐 2.5 克
酵母粉 3 克
鲜奶油 80 毫升

制作过程：

1 将多功能面包预拌粉、鸡蛋、白砂糖、黄油、牛奶、食盐、酵母粉放入面包机，按下启动键进行和面。

2 把和好的面团放在砧板上，用刮板切分成若干个小面团，用手揉圆，用擀面杖将面团擀成面饼，卷成条。

3 放入烤箱中发酵 40 分钟，面团发酵好后，在其表面用刷子刷上一层蛋液，再次放入烤箱，烤制 12 分钟。

4 将准备好的鲜奶油打发，并装入裱花袋中。

5 用刀在烤好的面包上划一道口，将奶油挤在面包的缝隙中，把面包的两面合拢，即可食用。

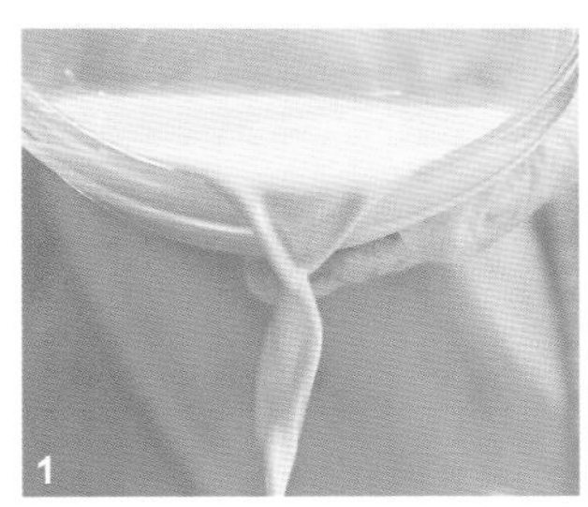
1

2

3

4

5

打发奶油的时候，如果口味喜甜，可以适当加一些白砂糖一起打发。

菠萝包

烤箱中层，上火 170℃、下火 150℃　12 分钟　2 人份

工具

刀 1 把
刷子 1 把
烤箱 1 台
面包机 1 台
玻璃碗 1 台
刮板 1 台
砧板 1 个

原料

A

多功能面包预拌粉 250 克
鸡蛋 1 个
牛奶 100 毫升
黄油 20 克
白砂糖 50 克
食盐 2.5 克
酵母粉 3 克

B

黄油 35 克
低筋面粉 120 克
白砂糖 15 克
鸡蛋 1 个

制作过程：

1. 在面包机中放入原料 A 的所有材料，搅拌成面团，搅拌好之后放在砧板上，把它们分成大约 60 克的小面团备用。

2. 在空碗中放入原料 B，其中低筋面粉只需加 50 克，揉至均匀后在砧板上撒少许面粉，把面团放在砧板上，再在面团上加入 50 克低筋面粉揉成均匀大小的面团，然后分成 30 克的小面团，做成菠萝皮。

3. 将分量为 60 克的小面团用手揉圆，拎起它放在准备好的菠萝皮面团上。

4. 沾上少许面粉，把面团包裹在菠萝皮内，并用刮板或刀在表面切出菠萝的条纹，放入烤箱中发酵 40 分钟至 2 小时。

5. 在发酵好的面团表面用刷子刷一层蛋液，放入烤箱，烤制 12 分钟即可。

若是喜欢吃有馅的菠萝包，可添加菠萝果肉。

毛毛虫面包

烤箱中层，上火 170℃、下火 150℃　12 分钟　2 人份

工具

烤箱 1 台
面包机 1 台
不锈钢盆 1 个
裱花袋 1 个
搅拌器 1 个
砧板、刮板各 1 个
长柄刮板 1 个
擀面杖 1 根

原料

多功能面包预拌粉 250 克
鸡蛋 2 个
牛奶 100 毫升
黄油 20 克
白砂糖 50 克
食盐 3.5 克
酵母粉 3 克
植物油 50 毫升
水 50 毫升
高筋面粉 30 克
打发好的奶油适量

制作过程：

1. 将放入面包预拌粉、1 个鸡蛋、白砂糖、黄油、牛奶、2.5 克食盐、酵母粉依次放入面包机，充分搅拌成具有扩张性的面团，取出揉好放在砧板上，用刮板分成约 60 克的小面团。

2. 依次将小面团揉圆，用擀面杖擀成面饼，卷起来，整成长条形后摆入烤盘内，放入烤箱中发酵 40 分钟至 2 小时。

3. 盆中倒入水、植物油、1 克盐搅匀，加热至沸腾，再倒入高筋面粉并停止加热，用搅拌器拌匀，打入 1 个鸡蛋，拌匀。

4. 用长柄刮板把面糊装入裱花袋，把面糊挤在发酵好的面团上；将烤盘放入烤箱，烤制 10 ~ 12 分钟。

5. 取出烤好的面包，在其一侧切一道口，挤入备好的奶油即可。

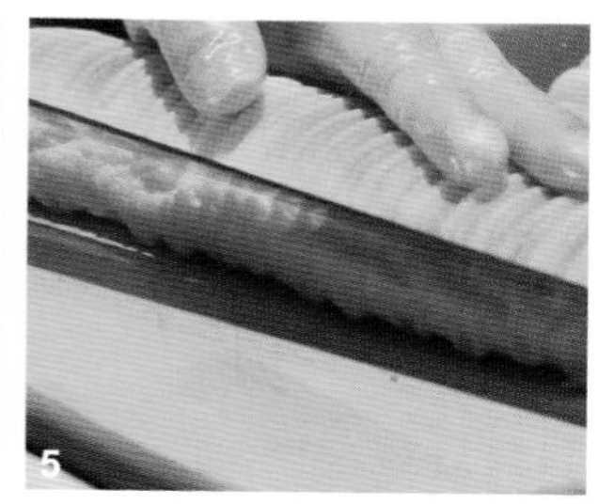

烘焙点睛

给酱料加热时要多搅拌，以免结块。

Interesting Dessert

Part 5

5 步速成
小甜点，萌萌哒

甜点是治疗抑郁、放松心情的“灵丹妙药”，造型可爱、好吃美味的甜品就像是一个在卖萌的“小公主”，总是有一种让人感到无限幸福的魔力。

每天下午茶的时间来上一块松软细腻的小点心，再配上一杯沁香的红茶，感觉一整天的疲惫都一扫而光了。甜，是一种纠结，也是一种享受，忘不掉奶油的温柔，离不开面粉的安慰，也舍不得糖粉的幸福。

原味布丁

冰箱　15 分钟　2 人份

工具

冰箱 1 台
油纸 1 张
不锈钢盆 1 个
搅拌器 1 个
量杯 1 个
布丁容器 4 个

原料

牛奶 300 毫升
水 300 毫升
原味布丁预拌粉 100 克
香芹叶少许

制作过程：

1. 将水和牛奶倒入盆中，煮至沸腾，再倒入预拌粉，用搅拌器搅拌均匀。

2. 取出油纸，铺在布丁液上吸附泡沫。

3. 将布丁液倒入量杯中。

4. 将量杯中的液体装入布丁容器，放入冰箱冷冻 15 分钟。

5. 冷冻过后把布丁从冰箱取出，放上香芹叶点缀即可食用。

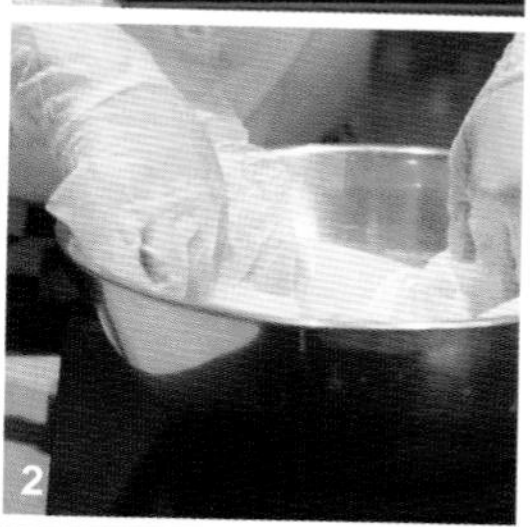

草莓布丁

冰箱　15 分钟　2 人份

工具

冰箱 1 台
油纸 1 张
不锈钢盆 1 个
搅拌器 1 个
量杯 1 个
布丁容器 4 个

原料

牛奶 300 毫升
水 300 毫升
草莓布丁预拌粉 100 克
草莓适量

制作过程：

1. 将水和牛奶倒入盆中，煮至沸腾，再倒入预拌粉，用搅拌器搅拌均匀。

2. 取出油纸，铺在布丁液上吸附泡沫。

3. 将布丁液倒入量杯中。

4. 将量杯中的液体装入布丁容器，放入冰箱冷冻 15 分钟。

5. 冷冻后把布丁从冰箱取出，放上草莓点缀即可食用。

1

2

3

4

5

抹茶布丁

冰箱　15 分钟　2 人份

工具

冰箱 1 台
油纸 1 张
不锈钢盆 1 个
搅拌器 1 个
量杯 1 个
布丁容器 4 个

原料

牛奶 300 毫升
水 300 毫升
抹茶布丁预拌粉 100 克
桂花少许

制作过程：

1 将水和牛奶倒入盆中，煮至沸腾，再倒入预拌粉，用搅拌器搅拌均匀。

2 取出油纸，铺在布丁液上吸附泡沫。

3 将布丁液倒入量杯中。

4 将量杯中的液体装入布丁容器，放入冰箱冷冻 15 分钟。

5 冷冻过后把布丁从冰箱取出，点缀少许桂花即可食用。

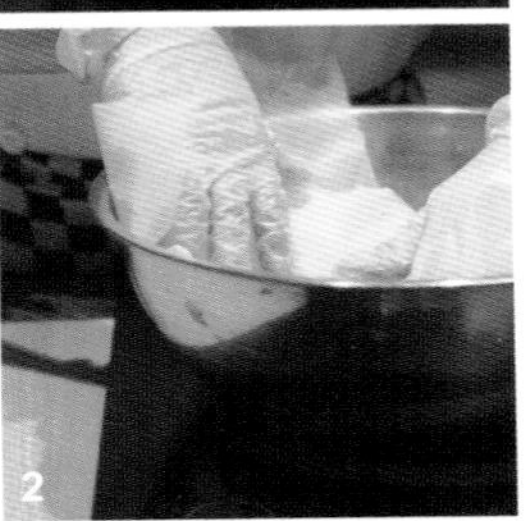

芒果布丁

冰箱　15分钟　2人份

工具

冰箱1台
油纸1张
不锈钢盆1个
搅拌器1个
量杯1个
布丁容器4个

原料

牛奶300毫升
水300毫升
芒果布丁预拌粉100克
鲜芒果适量

制作过程：

1. 将水和牛奶倒入盆中，煮至沸腾，再倒入预拌粉，用搅拌器搅拌均匀。

2. 取出油纸，铺在布丁液上吸附泡沫。

3. 将布丁液倒入量杯中。

4. 将量杯中的液体装入布丁容器，放入冰箱冷冻 15 分钟。

5. 冷冻过后把布丁从冰箱取出，点缀上鲜芒果即可食用。

鸡蛋布丁

柔软香滑的本色，引人入胜的遐想，必须用心寻味。

对于感性的人而言，所见的和所说的都有情。无论你说什么，其实都可以扯到情感上去。布丁当然也可以，不过鸡蛋布丁似乎更贴心。

鸡蛋布丁，你不仅在制作它的过程中需要异常小心，你在吃它的时候同样也要细心。

它柔软无骨，又细嫩光滑；它色泽艳丽，又皮肉鲜黄，正如你想的一样一碰就会碎。如同心一般，需要呵护，或许，正是因为这样的原因，所以，它们被人叫作“甜心”。

这世间好吃的食物并不少，但让你第一眼看到就心动的并不多。就像世间漂亮姑娘其实很多，让你心动的没几个，你若喜欢，就带她吃鸡蛋布丁吧。

没准，她会发现你的不同；没准，她会喜欢你的细心；没准，你们就这样走在一起；没准，你们彼此都喜欢。

冰箱　15 分钟　2 人份

工具

冰箱 1 台
油纸 1 张
不锈钢盆 1 个
搅拌器 1 个
量杯 1 个
布丁容器 4 个

原料

牛奶 300 毫升
水 300 毫升
鸡蛋布丁预拌粉 100 克

制作过程：

1. 将水和牛奶倒入盆中，煮至沸腾，再倒入预拌粉，用搅拌器搅拌均匀。
2. 取出油纸，铺在布丁液上吸附泡沫。
3. 将布丁液倒入量杯中。
4. 将量杯中的液体装入布丁容器，放入冰箱冷冻 15 分钟。
5. 冷冻过后把布丁从冰箱取出，即可食用。

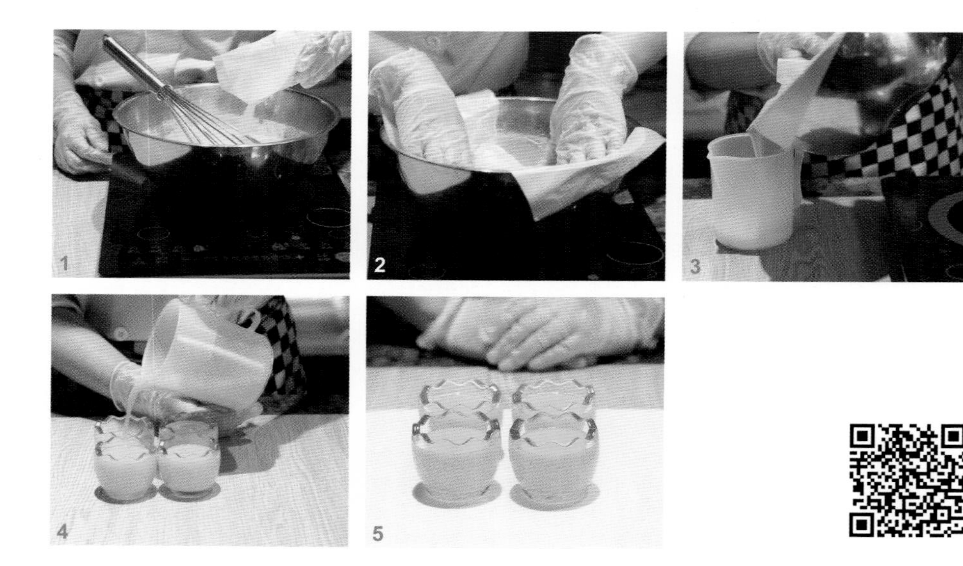

将油纸覆在布丁液上可吸附泡沫，使布丁口感更加顺滑。

冰皮月饼

原以为，世间的名字，都是有温度和性别的。

有名字的人必是如此，有名字的食物亦然。

谈冰，会令人觉得冷，潜意识里还会女性化。故而，初闻冰皮月饼，感觉清凉，如同呆萌的小姑娘，令人莫名喜欢。当你见到它时，感觉又比想象中的还要乖巧。

抹茶绿、芒果黄、牛奶白、玫瑰紫、草莓红，都是冰皮月饼的衣色。不同于传统月饼金黄的饼皮，冰皮月饼有着丰富多彩的饼衣。在挑逗你的视觉神经的同时，她也挑逗你舌尖上的味蕾。用一个词形容可谓贴切，那就是秀色可餐。

总是要在遇见一个冰皮月饼之后，你才会知道原来月饼也可以那么美。美到明明是一种诱人垂涎的食物，可是你却忍不住犹豫有些舍不得吃。她的美，会让你觉察到有明显的距离感，但是你还是愿意贴唇亲近她。

也许是外在没有经过烘烤的原因，哪怕内心被千蒸万煮依旧觉得年轻。冰皮月饼，入口柔软顺滑，仿佛会有某一个瞬间，突然回到 17 岁。

颜值高的美食谁不爱呢？吃多了传统硬皮的月饼，尝一下绵软的冰皮月饼也好，没准爱上了呢！

冰箱 30 分钟 3 人份

工具

冰箱 1 台
电子秤 1 台
玻璃碗 1 个
不锈钢盆 1 个
冰皮月饼模具 1 个
长柄刮板 1 个

原料

冰皮月饼预拌粉 300 克
红豆沙泥 1 袋
植物油 40 毫升
白砂糖 80 克
水适量

制作过程：

1 热盆注水，放入白砂糖边煮边用长柄刮板搅拌，煮沸后将糖水放凉至 40℃左右。

2 取 1 个玻璃碗，倒入冰皮月饼预拌粉，再慢慢倒入冷却好的糖水，边加水边揉面，把面团揉至表面光滑，分 3 次加入植物油，并且揉到植物油全部被面团吸收。

3 捏取面团，放在电子秤上称量，用手揉成球状，每个重约 40 克；将分好的面团放入冰箱中冰冻 30 分钟。

4 捏取出红豆沙泥，放在电子秤上称量，用手揉成球状，每个重约 20 克。

5 将红豆沙泥裹入面团继续揉圆，然后放到模具里压出月饼型即可。

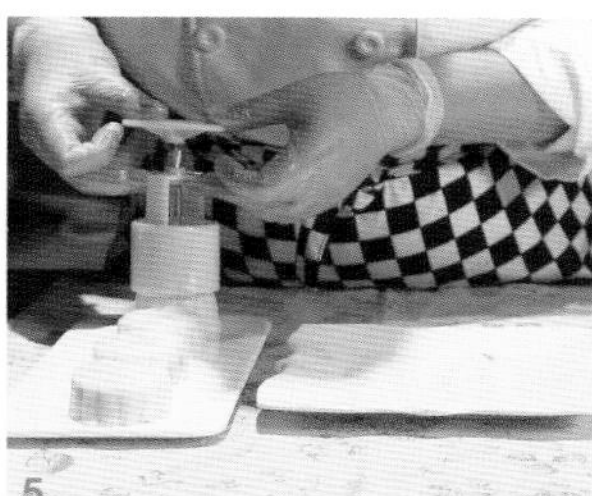

糖量可根据个人口味增减，馅料也可以换成其他种类的。

原味泡芙

烤箱中层，上下火 160℃ 18 分钟 2 人份

工具

不锈钢盆 1 个
搅拌器、裱花嘴各 1 个
长柄刮板 1 个
裱花袋 2 个
油纸 1 张
烤箱 1 台
刀 1 把

原料

泡芙预拌粉 220 克
白砂糖 15 克
水 250 毫升
黄油 130 克
鸡蛋 4 个
打发好的淡奶油 200 毫升

制作过程：

1. 往备好的盆中倒入水、白砂糖，放入黄油，开启电磁炉，用搅拌器边搅拌食材边加热，直至食材完全融化，再倒入泡芙预拌粉，充分搅拌均匀。
2. 在盆中打入 4 个鸡蛋，分 4 次充分搅拌均匀，使得鸡蛋和其他食材完全融合在一起后，用长柄刮板将面糊装入带有裱花嘴的裱花袋中。
3. 备好一个铺上油纸的烤盘，将面糊挤成宝塔状，制成泡芙生坯。
4. 预热电烤箱之后，将烤盘放入烤箱，烤至 18 分钟，时间到后取出烤好的泡芙。
5. 将打发的淡奶油装入裱花袋中，在烤好的泡芙底部用刀挖一小洞，把准备好的淡奶油挤进泡芙即可食用。

闪电泡芙

烤箱中层，上下火 160℃　18 分钟　2 人份

工具

不锈钢盆 3 个
搅拌器、裱花嘴各 1 个
烤架 1 个
烤箱 1 台
刀、长柄刮板各 1 把
裱花袋 2 个
油纸 3 张

原料

泡芙预拌粉 220 克
白砂糖 15 克
水 250 毫升
黄油 130 克
鸡蛋 4 个
黑巧克力 100 克

制作过程：

1 在不锈钢盆中倒入适量的水、白砂糖，再放入黄油，用搅拌器边搅拌边加热至食材融化，再倒入泡芙预拌粉，充分拌匀至面糊表面光滑。在另一空盆中分 4 次打入鸡蛋并分次拌匀。

2 食材充分拌匀后，再用长柄刮板将面糊装入带有裱花嘴的裱花袋中，在铺有油纸的烤盘上挤出若干个等长的长条，将烤盘放入预热好的烤箱内，烤 18 分钟，烤至面糊表面呈金黄色。

3 把黑巧克力置于油纸上切碎，再将切碎的黑巧克力隔水加热至融化待用；取出烤好的泡芙，桌面上铺上油纸，摆上烤架，把烤好的泡芙均匀的放在烤架上。

4 融化好的黑巧克力倒入裱花袋中，并在其下端剪出小口，挤在泡芙表面，巧克力冷却即可。

松饼

松饼机　5 分钟　2 人份

工具

松饼机 1 台
玻璃碗 1 个

原料

松饼预拌粉 250 克
鸡蛋 1 个
植物油 70 毫升
白砂糖适量
水适量

制作过程：

1. 在备好的玻璃碗中依次倒入松饼预拌粉、水、鸡蛋、油，混合均匀。
2. 将揉好的面团平均分成两份，用手压成面饼状。
3. 面饼两面均沾上白砂糖。
4. 将松饼机预热 1 分钟左右。
5. 把面饼放入松饼机中，盖上盖子烤 5 分钟即可。

糯米糍

3 人份

工具

电子秤 1 台
长柄刮板
玻璃碗 1 个
不锈钢盆 1 个

原料

冰皮月饼预拌粉 300 克
蔓越莓泥 1 袋
椰蓉适量
烤椰丝适量
白砂糖 80 克
植物油 40 毫升

制作过程:

1 在备好的盆中倒入水、白砂糖边煮边搅拌，煮沸后将糖水放冰箱冷藏至 40℃左右。

2 取一个玻璃碗，倒入冰皮月饼预拌粉，再慢慢倒入放凉的糖水，边加水边揉面，把面团揉至表面光滑，再分 3 次加入植物油，并且揉到植物油全部被面团吸收。

3 捏取面团，放在电子称上称量，用手揉成球状，每个重约 40 克；捏取蔓越莓泥，放在电子称上称量，用手揉成球状，每个重约 10 克。

4 将蔓越莓泥裹入面团继续揉圆。

5 把揉好的面团放在椰蓉或烤椰丝中滚动至球身覆盖满材料即可食用。

法式马卡龙

烤箱中层，上下火 190℃　15 分钟　2 人份

工具

烤箱 1 台
电动搅拌器 1 个
裱花袋 1 个
裱花嘴 1 个
长柄刮板 1 个
剪刀 1 把
油纸 1 张

原料

马卡龙预拌粉 250 克
热水 28 毫升
奶油少许

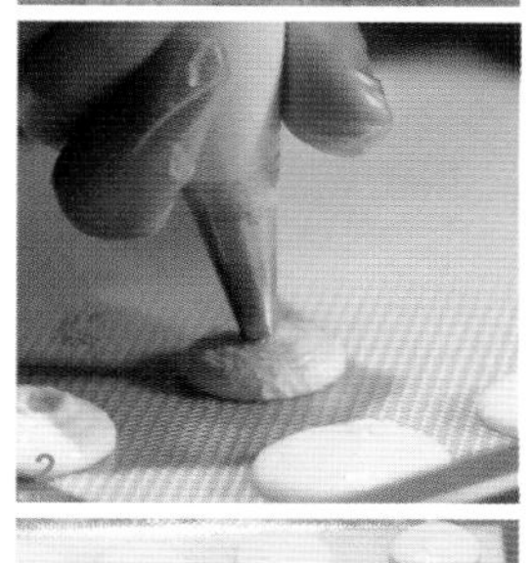

制作过程:

1. 在容器中倒入剪开的马卡龙预拌粉，倒入热水，用电动搅拌器搅拌均匀，做成面糊。

2. 用长柄刮板将面糊放入装有裱花嘴的裱花袋，在铺有油纸的烤盘上均匀地挤成直径约 3 厘米的圆形。

3. 在室温下放置 15~20 分钟，至表面结皮。

4. 预热烤箱，放入烤盘，烤制 15 分钟。

5. 取出烤好的马卡龙，两两一组，在马卡龙夹层中间挤上奶油即可食用。

待面糊干燥至表面结皮之后才能放入烤箱，这样烤好的马卡龙不易变形。出烤箱后，还可根据个人喜好在马卡龙上添加其他各种奶油、花生酱等。

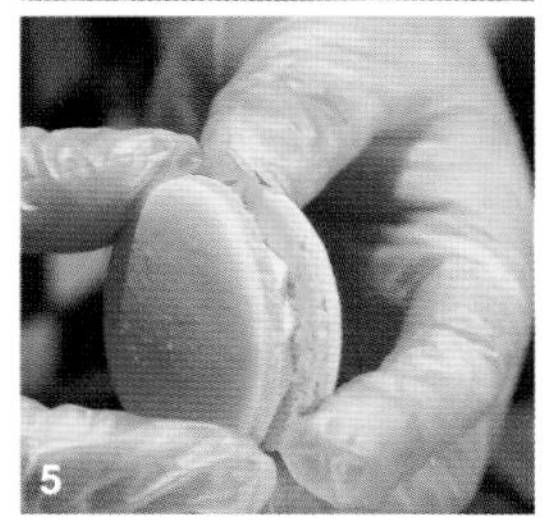

后记

预拌粉烘焙心得

生活节奏的加快，使得人们越来越重视时间，如何能用更少的时间做出美味的烘焙，预拌粉的出现，改善了这个问题。

预拌粉已将烘焙原料和辅料混合好，减少了烘焙的步骤；原料和辅料的科学搭配，大大提高了烘焙成功的概率，让更多喜欢烘焙的人从此也能快速做出美味的烘焙食品，很容易激发出成就感，点燃兴趣，从而产生更多的乐趣，形成更大的动力。

无论是面团变成美味的面包、饼干，还是让自己手中新鲜的水果，变成秀色可餐的甜点，都是一件赏心悦目的事情。

懂得烘焙的人，更懂得生活。每一位烘焙师，都是烘焙的高级爱好者；每一位烘焙爱好者，都是幸福的追随者。他们掌握了烘焙的魔法，也知晓了美味的密码，并且把它们带到生活之中。

预拌粉减少了相关的准备过程，也加速了烘焙的过程。美味的烘焙，不仅需要精准的配方，需要烘焙者的努力，需要各类工具，也需要把握烘焙的时机。犹如我们的成功，不仅需要明确的目标，可行的路途，也需要自身的努力，寻找合适的环境和抓住关键的时机。

希望大家能在烘焙的过程中享受快乐，传递幸福。